# 为什么我们会 焦虑

消除焦虑、恐惧和忧虑的大众心理学

〔日〕根本橘夫 著

黄少安 译

百佳图书出版单位

化学工业出版社

·北京·

北京市版权局著作权合同登记号：01-2021-2991

**图书在版编目(CIP)数据**

为什么我们会焦虑：消除焦虑、恐惧和忧虑的大众心理学／

（日）根本橘夫 著；黄少安译.—北京：化学工业出版社，2021.7（2023.7 重印）

ISBN 978-7-122-39055-4

I.①为··· Ⅱ.①根···②黄··· Ⅲ.①焦虑-心理调节-通俗读物 Ⅳ.①B842.6-49

中国版本图书馆CIP数据核字（2021）第080954号

责任编辑：龙　婧　王丽丽　　　　文字编辑：李　曦
责任校对：赵懿桐　　　　　　　　装帧设计：尹琳琳

出版发行：化学工业出版社
（北京市东城区青年湖南街13号　邮政编码100011）
印　　装：北京天宇星印刷厂
880mm×1230mm　1/32　印张5³/₄　字数107千字
2023 年 7 月北京第 1 版第 2 次印刷

购书咨询:010-64518888　　　　售后服务:010-64518899
网　　址：http://www.cip.com.cn
凡购买本书，如有缺损质量问题，本社销售中心负责调换。

定价：49.80元　　　　　　　版权所有　违者必究

# 前言

　　易焦虑体质，是指人常常容易陷入焦虑状态的性格。这种体质的人无论何时心中都有担忧的事情，甚至很多时候这些担忧会将他们的内心填满。

　　易焦虑体质的人，通常被外界认为是温柔的人，他们中的绝大部分人自己也怀着一颗善良的心。而正是这样的温柔和善良，使得他们在现代社会承受着更多的精神苦楚。

　　令人意外的是，易焦虑体质的人还为数不少。即便是我，性格中也有易焦虑的一面。于是，大约从 40 年前开始，我一边参考罗洛·梅[①]、罗纳德·大卫·莱恩[②]等人的相关理论，一边作为副业对这一问题进行了研究。在研究的过程中，我发现无论如何都不可避免地会遇到亲子的深层心理，特别是与孩子教育相关的问题。再进一步对孩子的教育问题进行分析，很多之前被忽视的，或是被隐藏、掩盖的问题就逐渐明朗了起来。但是，这些问题在当时的发展心理学中基本上没有被阐述过，所以我对于自己的分析也没有十足的信心。

但之后随着所谓青春期综合征的各种各样的问题频发，心理学家们对这些问题的分析中也出现了与我相同的见解。又随着爱丽丝·米勒③的一系列著作在日本翻译出版，我得知原来有人和我的观点相当一致。

当我试着把其中的部分观点在课堂上讲给学生们听的时候，他们表示"虽然是有些令人毛骨悚然的分析，但对于了解自己确实是大有帮助"。除此之外，在面向社会人士的讲座上，也有很多观众在讲座结束后表示："这里面讲的和孩子的状态一模一样，感觉掌握了理解孩子心情的关键所在。"有了这些经历，我开始有了把我的观点整理出来的想法，于是写成了这本书。

对于想要知道轻松获得克服焦虑心理的方法的人来说，本书或许会显得理论性太强，但"好的理论才正是最具可实践性的"。在对心理状态的形成有一个深刻、全面的了解之后，必然会找到一个针对焦虑和易焦虑心理解决方法的明确指南。

在本书里，大家将会进入一个我们不想承认的被隐藏的世界。同时，还能窥探到亲子世界里令人恐惧的一面。可能会有人在读完本书后感到稍许不适，但本书确实从头到尾都贯彻着对易焦虑体质者友好而温暖的态度。

易焦虑体质者自不必说，对于不是易焦虑体质的人来说，应该也能从本书中收获很多启发，去加深对自己深层心灵的理解，使自己的精神生活变得更加丰富多彩。

这次修订版，距离初版发行已过去了 20 多年，我删掉了初版中与现今社会不符合的观点，也加入了这 20 多年间得到的新的见解。

衷心希望此书能帮助各位读者拥有更加幸福的精神生活。

【译者注】

①罗洛·梅（Rollo May），被称为美国存在心理学之父，也是人本主义心理学的杰出代表，代表作品有《焦虑的意义》。

②罗纳德·大卫·莱恩（Ronald David Laing），通常被称为 R.D. 莱恩，当代著名的生存论心理学家，代表作品《分裂的自我》。

③爱丽丝·米勒（Alice Miller），瑞士人，儿童心理学家，代表作品《与原生家庭和解》。

目录

## 第一章

## 易焦虑体质者
## 生存的世界

易焦虑体质
不是病，
而是一种
性格

别怕！
65% 的人
属于
易焦虑体质

易焦虑体质者
有什么样的
性格特征

# 一、何为易焦虑体质？

## 1. 如何定性易焦虑体质

易焦虑体质并不是一种疾病，而是一种性格。

因此，本书没有使用易焦虑"症"这样的词语，而是使用了易焦虑"体质"。判断是否为易焦虑体质，一般情况下根据自我感觉判断是或否即可。

我研究出了下面这些特别简单的问题，在辨别自己是否为易焦虑体质时颇为有效。

"你认为自己是易焦虑体质吗？"（是 / 否）

你选择了"是"，还是"否"？选择了"是"的人即为易焦虑体质者。在到底选择哪一个上稍有犹豫，最终选择了"否"的人，有"易焦虑体质倾向"。而毫不犹豫就选择了"否"的人，则不是易焦虑体质者。

本书中根据语境的不同，也会使用"不安"等词语。这些词语是指当焦虑的对象扩散而变得不明确时，又或是由于焦虑所引起的、觉得内心深处受到威胁的状态。但是本书中并没有要把这些词严格区别出来的意思，因此希望各位读者不要拘泥于此，继续读下去即可。

那么，在刚刚的问题中选择了"是"或在一番犹豫之后最终选择了"否"的人，其实都是拥有着细腻的感受力和对自己有洞察力的人。这样的你，一定能在本书的内容中找到真实感受并能理解这些内容。同时，你应该也能从中学到如何利用自己的焦虑和易焦虑体质的技巧。

## 2. 65% 的人为易焦虑体质者

那么，易焦虑体质的人到底有多少呢？换句话说，在之前的题目中，回答了"是"的人有多少呢？我们的调查结果如下：

| | |
|---|---|
| 小学五年级学生 | 48% |
| 初中二年级学生 | 52% |
| 高中二年级学生 | 66% |
| 大学生 | 65% |

如同结果显示，易焦虑体质的人在青春期这一阶段增多，在青年期（**译注：发展心理学上指十四五岁至二十四五岁这段青少年向成年过渡的时期**）达到 65%。也就是说，在 10 个人中就有 6~7 个人是易焦虑体质。

但看一看我们周围的人，可能很难想象竟有这么多人都是易焦虑体质。这只不过是因为大家都把自己的易焦虑体质隐藏了起来，不让他人发觉而已。讨厌被人知道自己是易焦虑体质，因为这可能会被人认为是性格阴暗，感觉好像被人抓住了什么弱点一样。特别是男性，更认为这关系到"体面"。因此，其实人们都只是装出一副表面上的平静。

那么，请接着回答下一个问题。

"你想改掉自己的易焦虑体质吗？"（是／否）

在这个问题上，易焦虑体质者中的 70% 以上会回答"是"。但是，在

"易焦虑体质是可以改掉的吗？"（是／否）

这道题目上，仅有不到 20% 的人选择了"是"。

换句话说，大部分人都为自己的易焦虑体质而感到痛苦，想着自己要不是易焦虑体质该有多好，但又很明白自己的易焦虑体质是改变不了的。并且，在

"将来，自己的焦虑会更多吗？"（是／否）

这道题中，易焦虑体质者中的 70% 都回答了"是"。这里，就体现出了易焦虑体质者绝望般的痛苦。

# 二、易焦虑体质者的性格特征

## 1．人生就是负重前行

请试着回答下一个问题。不要过多地思考，凭直觉回答即可。

每天都会发生各种各样的事情，这其中让你感到焦虑的占到多少？将让你产生焦虑的事情的占比如图例所示涂在圆饼中。整个圆饼表示一天所经历的全部事情。

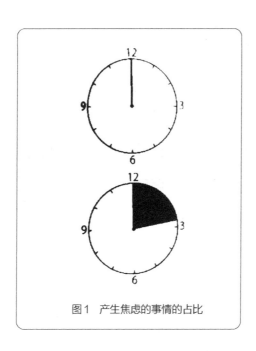

图1 产生焦虑的事情的占比

你涂了多少？易焦虑体质的人通常会涂很多，而非易焦虑体质者平均连"1"都没有达到。

请继续按照同样的方法回答下面的问题。

在每天发生的事情中，让你感到讨厌的有多少？将你觉得讨厌的事情的占比涂在下面的圆饼图中。

图2 觉得讨厌的事情的占比

在这张圆饼图中，易焦虑体质者也会涂黑一大片，而非易焦虑体质者通常只会涂到"1"左右。

接着下一个问题。

在每天发生的事情中，让你感到高兴、开心的有多少？将令你高兴、开心的事情的占比涂在下面的圆饼图中。

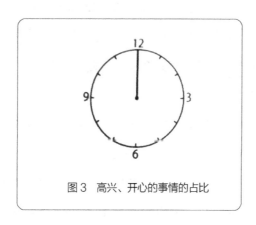

图 3　高兴、开心的事情的占比

　　在这道题中，非易焦虑体质者涂黑的比例将会远多于易焦虑体质者涂黑的比例。

　　通过上面几道题我们可以看到，易焦虑体质者通常觉得令人焦虑、讨厌的事情有很多，而让人高兴、开心的事情却很少。越是易焦虑体质者，越是感到活着这件事情很沉重，甚至觉得活着是一件痛苦且让人厌烦的事情。

## 2. 这个世界很恐怖

　　在心理测试中有一种方法叫作投射法（**译注：即心理投射测验**），是指将一些抽象不明的画等展示给接受测试者，问他们能从中看到什么的方法。即使看的都是同一幅画，但不同的人却会看到不同的东西，会看到不同结果的原因就存在于接受测试者自己的心理。利用这一点，就能够把握其深层心理。

投射法中最具代表性的是 TAT（Thematic Apperception Test），被称作"主题统觉测验"。方法是让接受测试者根据看到的画自由创作一个故事。但这个故事不能只讲述现在，一定要包含过去和未来。

那么，我们通过这本《TAT 图版》（临床心理学研究会编，**日本金子书房出版**）来试着窥探一下易焦虑体质者的内心特征。

下面这个故事，是一名易焦虑体质者看完一幅画后讲述的，画的正中有一个仿佛在哭泣的孩子，左右两边分别画着一个男人和一个女人。

## 易焦虑体质者 (20岁 · 女性)

孩子隐隐约约察觉到父母总是在不断地争吵。从孩子记事起，一家三口好像就没有真正像家人一样在一起过。但因为带着这个孩子就哪儿都不去也不是个办法。虽然很不情愿，这对父母还是带着孩子上街了。然而，最糟糕的事情发生了，这对父母在人来人往的街头争吵了起来。最后，两人终于谈到了离婚。

父亲激动地走了。母亲也想拉着孩子走，可孩子不知所措只是不停地哭泣。看着这个麻烦的孩子，母亲越发地觉得厌恶，终于丢下孩子走了，孩子被扔在了来来往往的人群中。但，这世间的人是冷漠的，没有一个人上前关心孩子。

如果到最后也找不到父母，这个孩子就只能去福利院了吧。可怜巴巴的他会觉得这个世间的人都是敌人，然后怀着这样的心情度过一生。

接下来，我们再看看一名非易焦虑体质者看到同样的画后讲述的故事。

## 非易焦虑体质者（19岁 · 女性）

周日，小弘去朋友家玩了。回家的路上，他看到一只特别可爱的小狗，不禁跟了上去，不知不觉间竟走到一条不认识的街上。他迷路了。

他不停地找自己的家，终于忍不住哭了起来。这时他再看身边路过的人，看谁都像自己的爸爸或是妈妈。

这时，有一个路过的阿姨上来问他怎么了？然后为他找来警察。原本就喜欢孩子的警察会让他坐在自己的肩膀上，把他平安送到家。

而家里，妈妈已经做好了小弘最爱的牛肉饼，正在等着他。

无论是哪个故事，作者都把故事中的孩子当成了自己，而孩子的视角也正表现着作者的内心。

在易焦虑体质者讲述的故事中，包括父母在内的所有人都被描写成了冷漠无情的人。而在非易焦虑体质者讲述的故事中，世间人都是温柔善良的。

正如这样，易焦虑体质者和非易焦虑体质者，对待这个世间和人们的看法是不一样的。因此，易焦虑体质者真实地感受到自己生存在一个冷漠、可怕的世界里。而非易焦虑体质者，则觉得自己生活在一个温暖、温柔的世界里。

# 3．比起满足感，更在意安全感

这种深层心理的不同，也表现在他们的梦中。易焦虑体质者更容易做噩梦，梦到恐怖的事情或自己失败的经历。

不只是做梦，在行为方面也会表现出各种各样的不同。潜意识里认为这个世道很恐怖的人，会产生尽可能避免与社会和他人产生关联的消极行为。相反，认为他人都是温柔的、世道是让人安心的人，则会有尽可能融入社会、融入他人的积极举动。

另外，即使从表面上看他们的行为并无二致，但他们行为背后的动机却是截然不同的。

行为，可以根据基本动机划分为以下两种。

- 追求满足感的行为　　使自己的欲求得到满足的行为
- 追求安全感的行为　　为了逃避恐怖和危险的行为

很多情况下，同样的行为，对于非易焦虑体质者来说是为了追求满足感，而对于易焦虑体质者来说，却是追求安全感的行为。

例如，我们来设想如下一个场景：因为不得不在大家面前做报告，所以正在为此做准备。易焦虑体质者和非易焦虑体质者都同样地想把准备做到充分、完美。易焦虑体质者是为了不在大家面前丢脸而准备得充分；与此相对，非易焦虑体质者则是为了在大家面前展现自己的能力，让大家刮目相看而准备得充分。

从中，我们也可以看到他们在行动时的感情也是不一样的。对于非易焦虑体质者来说，做准备是一件令人激动且期待的事情；而对于易焦虑体质者来说，这却是一件令人感到沉重的事情。

## 4. 那些易焦虑体质者想到的故事

易焦虑体质者在遭遇事情时，通常认为不是自己引起的，而是由于自身以外的其他人所引起的。

这在前面的两个故事中也体现了。在易焦虑体质者讲述的故事中，孩子是被父母带去街上的，也是因为父母的不和而成了没人管的孩子。就连带孩子上街这件事情，也不是父母自愿的，而是因为"带着这个孩子就哪儿都不去也不是个办法"，所以"虽然很不情愿"但还是出去了。

而非易焦虑体质者所讲述的故事，则是"小弘去玩儿了"，回家的路上去"追"一条可爱的小狗才迷路的。这其中无论哪个情况都是由自己引起的。

我们再来看几个更能够表现这个现象的故事吧。

这次的画中一名男子躺在海边，背后是一艘快要沉没的船。

---

**易焦虑体质者**（19岁·男性）

在美越战争中，一位年轻的农夫在采摘草莓时被美国士兵的流弹击中倒在地上。而他的家人已经乘上船，正在逃离越南。他的意识渐渐薄弱，他梦到了他的家人们。在梦里他仿佛看到他的家人乘坐的船遭遇了风暴，眼看就要沉没了。

他被这个梦猛地惊醒，感到口渴极了。他想往河边去，身体却动弹不了。他失去了和家人重逢的希望，也没有人会认出他的遗体，他就这样死去了、腐朽了。

---

**非易焦虑体质者**（21岁·女性）

那是一个夏季。那日光线有些昏暗，海面上波涛汹涌，显得格外不宁静。

像这样的日子，是没有小船出海的，但尽管如此，还是有一位年轻人把船行驶了出去。他是村庄里最有本事的渔夫，在船的驾驶技术上自然没人比得过他。他能在与大海的搏斗中感受到无尽的喜悦。他想战胜这片汹涌的大海，这是他的愿望，任何事物都取代不了。

大浪从海面下翻涌而起，他和这片愤怒的大海搏斗了太长时间，终于他禁不住疲劳，小船倾覆。他拼尽全力游到岸边，就那样瘫倒在地，失去了意识。

"你怎么总是乱来呀！"

急忙赶来的女朋友说着紧紧地抱住了他。他在女朋友的怀中缓缓睁开眼。不久，两人便并肩走远。


在非易焦虑体质者讲述的故事中，主人公所经历的事情，是由于他自己的意志引起的，而非他人强迫的。主人公是跟随自己的意志，将船行驶到风暴中的险海里去的。他与险海展开了一场英勇的搏斗，并主动去应对困难。

而易焦虑体质者讲述的故事正好与此形成鲜明对比。主人公所经历的整个事件都不是由他自己意志主导的，也不是他主动去引起的。首先，他并不是因为和美国士兵战斗而被击中的，而只是因为运气太差，正巧被飞过来的"流弹"所击中。事件的发生归咎于"流弹"这一设定，就已经反映出了讲述者对待人生深深的无力感。

即使是家人坐着船出逃，也是由于战争这一状况导致的。并且，对于能够坐船逃离战争的家人，主人公仿佛还有一丝嫉妒。家人尚能抛弃熟悉的土地，移住到未知的世界，而自己却连这些都做不了。这让人嫉妒！正因为如此，家人乘坐的船就必须沉没。当然，这里对家人产生的嫉妒，并不是真的如同字面意思是指对家人的感情。这里，我们可以理解为"家人"是象征着包含家人在内的、与他性格不同的所有人。

## 5．自我行为原理对照表

如前文所述，在易焦虑体质者看来，自己的命运不由自己控制，而是由外界的什么所决定的。他们更倾向于认为自己的行为和境遇都是遭受了外界的强迫。与此相反，非易焦虑体质者则认为命运是可以靠自己的意志去创造的，他们更深切地觉得自己的意志和欲求可以决定自己的行为和境遇。

根据对行为原因的认知，笔者划分了——自发型和强制型两种人格类型，并制作了一份能够划分这两种类型的标准尺度。

我们只从这份标准尺度中选取 10 个问题来看。与自己情况相符的打"〇"，与自己情况不符的打"×"。不要深思熟虑，依旧凭直觉回答即可。并且，一定要从"〇"和"×"中二选其一。

① （    ）相较于自己的欲求，做事情更多是出于其他的原因。

② （    ）我做事情的原因，都是出于自己的要求。

③ （    ）时而会觉得"自己真正想做的事情和现在正在做的事情不一样。"

④ （    ）我能够不受拘束地去做自己想做的事情。

⑤ （    ）有强烈的受阻碍感。

⑥（　）在做完某件事情后，通常会感到充实。

⑦（　）出于周围的情况不得不做的事情很多。

⑧（　）对于自己现在正在做的事情，基本感到满足。

⑨（　）偶尔会没有"自己正在做事情"的真实感。

⑩（　）无论有多少反对的声音，通常会让自己的意见通过。


先看题号为奇数的题，数一数打"○"的个数；再看题号为偶数的题，数一数打"×"的个数。两者相加得到的数字就是你的强制得分。因此，最高可以是 10 分，最低可以是 0 分。强制得分超过 7 分则是典型的强制型人格；3 分以下为自发型人格；4~6 分则为中间型人格。

所谓自发型人格，通常认为自己行为的原因都是出于自己的意志或欲求。

而强制型人格，则认为自己的行为都是出于外界强制力所迫。这里提到的外界强制力，可以是来自父母的命令与期待、来自朋友等旁人的期许，也可以是面子、人情、义务、阻碍等。强制型人格者会因为下意识地害怕被人拒绝和否定，出于自我保护而去采取行动。

强制型人格者有以下特征：


- 日常生活中缺乏充实感
- 无法享受与人相处的快乐

- 很少担任领导者
- 兴趣爱好单调稀少

易焦虑体质者的强制得分通常偏高，因此，以上这些强制型人格的特征也是易焦虑体质者身上常见的特征。

## 6．常常产生悲观的想法

易焦虑体质者往往容易把结局预想得很悲观。在前文出现的故事中，易焦虑体质者讲述的故事是迷路的孩子不久后被送往了孤儿院，以及被流弹击中的人死去、腐朽。

而在非易焦虑体质者讲述的故事中，迷路的孩子被善良的阿姨和喜欢孩子的警察送回了做好了美味晚餐正等着孩子回家的妈妈那里，以及即使是在与险海搏斗中输了的渔夫，故事也以被女朋友的爱意所包围而告终。

悲观的想法，究竟会对人产生怎样的影响呢？在我曾指导过的一篇毕业论文中，就有过相关的研究。这一研究比较了学习剑道的女学生中，乐观的人与悲观的人在赛事中的胜负情况。其结果是，悲观的人与乐观的人相比较，悲观的人即使是练习时更强，但在正式比赛时却更容易败下阵来。换句话说，就是悲观的人在比赛时不能充分地发挥他们的实力。

正如这样，悲观的想法在很多时候都会带来不利的影响。比如，有报告显示，持有乐观心态的学生在大学期间的学习成绩会变得更好，能够持续保持乐观心态的运动员们也更容易从低谷中重新振作起来。另外，还有实践研究表明，在保险推销行业，乐观的人也更能够取得好的业绩。

更进一步说，悲观的想法会使人心情低落，带来巨大的不利影响。现在，我们已经很清楚地知道抑郁症与悲观、否定性的想法有着密切的关系。正因如此，也有越来越多的声音，开始提倡各种各样改正悲观和否定性想法的方法。

其实，我们每一个人不只是对眼前每件事情的结果有预测，在不知不觉中，默默地对自己的人生也有了预测。然后，为了实现这个预测，踏上自己人生的旅程（关于这个，会在第三章中详细讲述）。

因此，如果将人生看得很悲观，那么人生真的会变得悲惨又沉重，但如果乐观看待人生的话，就会迎来幸福且光明的人生。一些研究过成功者心理的研究者同样在强调这种潜意识预测的力量，想要成为一名成功者，首先便是要相信自己能成功。

## 7. 倍于常人的优越心理

所谓优越欲求，是指不想输给他人，想要被他人认为自己优秀的意识。试着将易焦虑体质者和非易焦虑体质者进行比较，尽管相差不是很大，但易焦虑体质者的优越欲求往往还是更高。在通过 TAT 讲述的故事中，能够明显判断出易焦虑体质者和非易焦虑体质者优越欲求的占比如下：

易焦虑体质者占 18%

非易焦虑体质者占 16%

想要满足自己的优越欲求，就必须拥有相应的能力。而他们如何看待自己的能力呢？笔者编写了一个测试，来测定他们对自己能力方面的自信。结果如下，分数越高表示对自己的能力越有自信：

易焦虑体质者 9.8 分

非易焦虑体质者 13.9 分

从中我们可以得知，易焦虑体质者通常缺乏自信。也就是说，易焦虑体质者尽管对自己的能力没有自信，但在优越欲求方面却是不逊于非易焦虑体质者。比如，公司在寻找一个能够负责一项很重要的工作的人，易焦虑体质者一方面很想要接手这项工作以展示自己的优秀，但另一方面又因为没有自信而对失败抱有强烈的恐惧感。因此，为了不让外界对自己的优秀评价受到影响，易焦虑体质者会尝试找到一个能够拒绝这份工作的理所当然的理由。或者，就算是接受了这份工作，也会表现出一种自己是勉为其难被强加了这份工作的样子。因为如此一来，即便是失败了，责任也会归咎到把工作强加给他的那一方身上。

与此相对，非易焦虑体质者则认为没有这样费尽心机的必要。一旦认为是展示自己优秀能力的良机时，便会自然而然地接受下来。

# 8．过度的优越欲求使人陷入不幸

因为优越欲求而努力奋斗，有时会使人陷入不幸。虽然有点偏题，但这里还是把这一点稍微阐述一下吧。

学校通常是通过分数等固定标准去明确学生之间的优劣顺序。在学校里感到焦虑的事情，其实并不是害怕学习不好这件事本身，而是害怕因为学习不好，所以自己比别人差这件事暴露在大家面前，并且自己也不得不承认。

因此，坦诚地承认自己做不到的事情，干脆地放下，告诉自己不行就不行，尽力就好，这样也就不会焦虑了。现实生活中，其实也不乏这样的人，尽管学习完全不行，却能沉浸在自己的世界里，悠然地享受学校生活。

其实，学校是在把培养学生忍受枯燥无味的事的忍耐力作为一个目标。当然，这个目标是不会对外公开的，是一个暗地里的目标。但正因如此，反而是投入大力气的一个目标。因为，这会是学生们在不久之后实际工作时能帮上他们的武器。例如品质管理的工作，要盯着电脑上一闪一闪的小灯，一盯就是一整天，一直坚持到年满退休，这样的工作没有那份勤奋和忍耐力是万万做不到的。

但因为学校的这一理念，有些学生变得过度勤奋，优越心理也过于强烈。其结果便是陷入不幸。

比如，有人小学时正巧成绩不错，经常被周围的亲朋好友表扬。因为被表扬会很开心，于是发奋学习。但上了初中以后，想要取得好成绩需要更加努力，一旦成绩下滑，便会被周围人说"搞什么嘛，原来也没什么了不起的"，优越心理受到伤害，不由得更加努力起来。

初中成绩好，便会被周围人给予期待："你一定能上一个好高中吧。"等上了好高中，紧接着又会被期待："你一定能上一个好大学吧。"如此一来，便不会甘于一个下游成绩，上了高中还是要拼命努力。牺牲了这个年纪本该有的精神生活，明明丝毫都不觉得学习是一件快乐的事情，却一直在拼了命地学习。此时的他们已经把考上一个名牌大学满足自己的优越心理当作了自己人生价值里的一个目标。

当他们可喜可贺地考上了一流大学，却不由得发现在大学里想要过得快乐，必要的不再是学习上的那种勤奋。其他人都不与旁人竞争，轻松地交朋友，自在地享受自己的生活。此时他们意识到，想要获得真正的幸福，必要的，倒不如说是享受生活的能力。

你可能会说，不是这样的。如果在大学里意识到了这个问题，然后改变生活方式的话，他们还是会有好运的。但越是在大学，越是有人被优越心理操控，固执于勤奋学习中。甚至有人即使到了大学四年级，优越心理还是驱使他们行动的主要动机，认为"进不了名企就会很丢人"。但在求职过程中，他们会知道，企业不会因为单单学习勤奋就给予他们好的评价。

有的人尽管最终进入了知名公司，为了满足自己的优越心理，还是拼命地发挥自己勤奋的特质。甚至连结婚对象都是凭着自己的优越心理去挑选。比如，从学历、毕业院校等方面考虑结婚对象，因为他们认为如果对方的学历或院校排名太低，会拉低自己的价值。

当优越心理的比较对象延伸到不适当的地方，人会陷入更加的不幸。例如，通常我们不会想到拿演员或奥运会选手和自己进行比较。但真的会有人在心理上与这些经历了千挑万选的人较劲，导致他们无法享受演员们的可爱和运动员们出色的表现。他们会想：明明一样的年纪，为什么我不如演员可爱，没有奥运会选手那样出色的技能？

其实，绝大部分人或多或少都会下意识地去进行这样的比较，然后导致自己过得不开心。比如，中年的男性看到有的女孩子年纪不到二十岁，挣的钱却是自己的好几倍时，会感到焦躁不安。早晨在报纸上看到与自己年纪相仿的成功者的相关报道，又有一股失败感突袭而来。此时，连妻子都不知道：为什么自己的丈夫一大早上心情就不好？其实，通常情况下，他本人都未必了解自己焦躁不安的真正原因。

因此，对于优越心理很强的人来说，电视并不能够带来轻松和快乐，反倒成了给人带去不满和自卑感的道具。

想要获得真正的幸福，不是为了满足自己的优越心理而勤奋学习，而是要培养自己以下几个能力。

①不必在意他人的眼光，用自己的眼光看待自己，过自己的人生。找到能发挥自己价值的地方，并投入进去。

②能够轻松融洽地与人相处，能够享受与人相处的快乐。

③在大自然和生活中，找到属于自己的喜好和感动。从大部分人可能都忽视了的"小确幸"开始，哪怕只是一点点的小喜悦和小感动也好，如果能够感受到这些，人生该变得多么丰富多彩呀！

④能够给予他人喜悦。无论是很受欢迎的人，还是被朋友宠爱着的人，一定是因为他经常给他人带去喜悦和快乐，才会被人们喜爱着。

# 9.不善人际交往

对于易焦虑体质者来说，这个世道是冷漠且恐怖的，因此一个人待着会更加安心。一旦有人在旁边的话，便会不自觉地在意那个人。甚至会因自己不想触及的事情而受伤，也是常有的事情。

所以，他们觉得一个人待着反而更轻松。

但总是一个人，又会感到空虚和胆怯。会开始担心一个人必须干些什么，觉得自己快被焦虑淹没了，又会有一种不安突袭而来，觉得自己孤单一人好像被大家抛弃了。然后，又开始觉得果然还是想和谁待在一起。

像这样，易焦虑体质者的感情总是矛盾的。叔本华著名的"豪猪"寓言故事中，就完美地表现了这一心理。

冬天到了。深山里，两只不耐寒的豪猪打算靠互相依偎来取暖。可是一旦当它们的身体紧紧相依，它们身上的刺便会扎到对方。于是，它们又不得不赶紧分开，可一分开寒气又立马袭来，两只豪猪又再一次靠近，然后把对方刺伤，又分开。如此循环往复，最终，两只豪猪不再彼此伤害，开始保持一个尽量能够温暖彼此而又不互相伤害的距离。

易焦虑体质者不仅想要远离人群的欲求强烈，因焦虑而产生的空虚和心慌也会让他们想要依赖别人的欲望远超常人。因此，在与人亲密还是背离的选择上，他们也变得摇摆不定。易焦虑体质者有时会急于寻求亲密的关系，一旦建立了亲密关系又觉得成了一种负担，于是想逃避这种关系。对于他们来说，想要保持一种适当的、长期安定的关系，是十分困难的。

如此一来，对方也会感觉自己好像被玩弄了。他们会认为易焦虑体质者是一个"难相处的人"，从此不再向他/她敞开心扉。因此，易焦虑体质者的人际关系往往也是处理得不太好。

想要享受与人交往的快乐，必须对对方有一种信赖感，去相信对方，相信即使是展现了真实的自己也不会被对方讨厌，不会因对方而受伤。而这种对人信赖感的基础，常常在我们的幼年时期就已经形成了。

婴儿在子宫这一绝对安全的地方孕育而生。子宫内温度恒定，因为漂浮在羊水中，胎儿连自己的体重也感觉不到，也不需要进食一些坚硬的食物去补充营养。

但是婴儿在诞生的一瞬间，一切都变了。外部环境变得一会儿热，一会儿冷。婴儿会感觉到自己的身体越来越沉重。会开始出汗，然后身上发痒。衣服和尿布又带来了一种在子宫里从未体验过的令人不适的硬邦邦的触感和压迫感。投喂过来的牛奶有时可能太凉了，有时又可能太烫了。被尿液浸湿的尿布，让身体觉得冰凉。与子宫里的日子一相比，婴儿出生后的这个世界好像总是充斥着各种让人不快的恐怖的事情。

对于这种恐怖，婴儿彻头彻尾地感到无力。因为自己没有任何能力去处理这些事情。

虽然对这个充满威胁的世界感到无力，但婴儿依旧对这个世界、对其他人产生信赖的根源，便是来自养育者的庇护。养育者为孩子处理掉让其感到不舒服的事情，保护他们不受可怕事情的伤害，为他们建立起了对这个世界感到安心、对其他人感到信赖的基础。

想要持续维持亲密的关系，不惧怕受伤，展现出真实的自己也是十分必要的。随着欧美国家离婚率的节节攀高，为夫妻做咨询的结婚心理学也开始盛行起来。

其中，最基本的一点便是互相倾诉内心。并且，不是以"YOU（你）"为主语，而是通过以"I（我）"为主语的文体进行讲述。因为一旦以"YOU"为主语的话，就容易开始责备对方。而以"I"为主语的话，就不会是责备对方的话题，而是将自己内在的一面讲述给对方。如此一来，自己和对方都会反省自己的行为，促进相互理解。

但在感情已受到伤害的情况下，想要倾诉内心也并不是一件很容易的事，因为害怕自己再次受伤，或是感到羞耻等。双方都是如此，这也让双方陷入了心意不相通的状态。这时，需要一方鼓足勇气来打破这种状态。即使最初可能不顺利，但只要对方是一个坦诚的人，应该就不会以让你更加受伤而告终。

# 10．容易害羞的人

易焦虑体质者通常容易害羞。在容易害羞的背后，有一种包含了对人的恐惧和优越欲求在内的认可欲求。

这类人在害羞时做的动作，可以在幼年遇到陌生人时会躲到母亲背后这一行为中找到原型。幼童会将自己的身体藏到母亲身后，但不是完全藏起来，而是从母亲身后偷偷地探出小脑袋看着对方。如果和对方目光对视，则又会将脑袋藏起来。这种行为里交织着既想隐藏起来，又想被对方认可的不同欲求。

害羞时扭扭捏捏地摆动身体，便是这种纠结欲求的表现。一方面，他们恐惧暴露在别人的目光前，这种恐惧使他们蜷缩起身子，做出往后退的动作；另一方面，他们又渴望得到别人的认可，于是将身子舒展开，往前方移动。如此一来，就变成了扭扭捏捏害羞的动作。如果只是单纯想要躲避别人的目光的话，将身子蜷缩起来一动不动效果反而更好。

像这样，在因为害羞而产生的行为里，也包含着希望得到对方认可的欲求。是否能够受到对方认可取决于对方，因此，在这种害羞里，也伴随着被他人操控的感觉。

另外，害羞是由于自己在意自己的身体、行为和心理等而引起的。当没有多余的精力去关注自己时，也不会产生害羞这种情绪。比如在演讲中，进行到最热烈投入的部分忘我高呼时，都不会产生害羞的情绪。因此，害羞这种情绪，看似是因为在意对方，其实背后的原因是在意自己。

容易害羞的人通常会烦恼，为什么自己这么容易害羞啊？但这类人在面对困难时，却能利用害羞保护自己。如果他人知道自己是容易害羞的性格的话，即便是做某事失败了，也会被人认为"他是因为害羞所以紧张了才没做好"，而他自己也可以这样辩解。容易害羞的背后，其实隐藏着这样下意识的小算计。

学会了总是利用害羞来摆脱困境的人，便无法获得合理地处理事情的能力。因此，也无法对自己处理事情的能力产生自信。于是，越来越习惯利用容易害羞的性格去保护自己。这样形成恶性循环，原本就害羞的人变得更加容易害羞。特别是女性，害羞行为会被他人正面评价为优雅或可爱，因此也更容易陷入这样的恶性循环。

# 11. 常常受到伤害

在青春期容易受伤被看作是心思细腻、心灵纯粹的象征，甚至有过一段时期，出现了攀比自己青春期伤痛的风潮。确实，容易受伤从某个方面来说反映了他们敏锐的感受力。而正是易焦虑体质者这种对自己内心活动的敏锐感受力，让他们很容易因为一点点小事情就受伤。

如果我们试着与这种倾向很强的人接触，我们会讶异于他们如此敏锐的感受力，也会深切发觉我们在日常生活的感受上是有多迟钝的。

有的洁癖青年，无法在外面的餐厅用餐。

"不知道这是谁用过的餐刀和餐叉，用它们来吃饭什么的……说不定用过的那人还有口腔炎呢……"

有的女性，在和丈夫行房后的几天里，都不愿外出见人，觉得见人很痛苦。

"因为我真的没办法平静地当什么都没发生呀！"

　　为了保持平稳的精神生活，一定程度上的感觉迟钝是很有必要的。有些事情，如果没有一丝感受力上的迟钝的话，是根本无法做到的。

　　当然，易焦虑体质者容易受伤，起因也并不只是太过于敏感。感到受伤，是因为连自己都否定自己的想要藏起来的自卑感、弱点等都暴露后而产生的一种情感。因为易焦虑体质者有更多的不想被人触及的自卑感和弱点，所以他们也更容易受伤。

## 第二章

*Why*

通过睡眠等
来逃避
令人焦虑的事

## 当我们感到焦虑时，会发生什么？

*we*

常常
歪曲事实，
也常常
责备自己

*are*

偶尔有返回
小时候的
行为状态

*anxious*

# 一、感到焦虑的身体

## 1．身体无法随心所欲地活动

如何确切地描述心里焦虑时的感觉，其实是一件很困难的事情。即使是用语言表达出来了，可总觉得好像和实际的感受还是有些偏差。关于这一点，临床心理学家霜山德尔从现象学的角度将不安作为一种体感性的现象，可以给我们很重要的参考（井村恒郎等编《异常心理学I》SUZUMI书房出版）。他将不安具体描述成胸闷感、焦迫感、晕眩感、对自我存在的不信任感、冷热感和心情的变化。下面，笔者将结合自己的理解，对这几个方面进行说明。

首先，所谓体感性，想必大家对这个词也很陌生。在这里，大家简单地把它理解为对自己身体的感受方式即可。通常，我们把自己的心理和身体作为一个整体去感受，或者，倒不如说"我们没有在感受我们的身体"更为贴切。因为太过于理所当然了，所以我们不会刻意去注意自己的身体。在自我认识中，已经默认包含了身体这一部分。但是，当我们产生什么异常时，又会把"自我"具体对象化到身体上。

举几个更容易理解的例子。平日我们会说"我穿鞋"，但不会说"我把鞋穿到脚上"。因为"脚"理所当然是包含在"我"里的。又比如，我们会说"我拿铅笔写字"，但不会说"我拿我手中的铅笔写字"，因为在这种情况下，"我"这个词里当然包含了"我的手"。

但当我们的脚出了什么问题，想要说比如"我的脚很疼"的时候，"我"这个词里就不再包含"脚"的含义了。因为如果包含的话，我们应该直接说"我很疼"。同样，当我们的手出现异常时，我们会说"我的手很疼，所以没法写字"或者"我的手很抖，所以没法写字"。这种情况下，"我"和"手"的概念也是分开的。

通过上文所述我们可以得知，当我们的身体出现什么异常时，"我（＝自我）"和"身体"是分开的，且"自我"把"身体"当作了一个对象。这就是所谓的"体感性"。

其实，根据推测，易焦虑体质者带有这种体感性的倾向会更强。例如，我们回想一下在前一章易焦虑体质者讲述的故事中出现的如下表达。

"他想往河边去，身体却动弹不了。"

我们将这句话和下面一句进行比较。

"他，想往河边去，却动弹不了。"

意思是完全一样的。那有什么区别呢？在前者的表达中，

"他"和"身体"是分开来的。是"他想往河边去","身体却动弹不了",是"身体"无法完成"他"的意志。而在后者的表达中,"他"等于"身体"。换句话说,"他"是想往河边去的主语,同时也是"动弹不了"的主语。

像这样,在易焦虑体质者的表达中,已经默认了"自我"与"身体"的分离,也反映出了他潜意识中觉得连自己的身体都不听从自己意志的实际感受。正因如此,才只能出现"没有人会认出他的遗体,他就这样死去了、腐朽了"的结局。

## 2. 焦虑带来的身体感受

那么,我们一起来看看由焦虑和不安带来的身体感受。

① 胸闷感。一种胸口被束缚住的感觉,胸口附近有如针扎般刺痛。经常会产生呕吐感,有时甚至会真的呕吐出来。

② 焦迫感。一种被什么东西追赶着的感觉,坐立难安。

下面是跟随笔者对与自发厌食症进行斗争的过程进行研究并撰写毕业论文的 T 同学的描述。

"不仅在进食用餐时,在其他时间里的行为也变得奇怪。首先,无法安静地坐着。这其中有两个理由。

"一种是吃完饭后坐着,就会产生一种果然还是害怕'以肉眼可见的速度发胖'的心理。即使自己心里明白不会这么快就发胖,况且自己也没有胡吃海喝。甚至自己吃得越来越多的都是裙带菜、魔芋、香菇、豆芽等低卡路里的食物。但尽管如此,每次吃完以后还是会觉得'我吃得太多了,不运动消耗的话……'。

"另一种是吃完饭后坐着,肚子就会真的变得不舒服。也不是肚子疼,而是一种仿佛食物塞满肠胃、肠子歪曲拧结的不畅快感。这种腹部的不畅快感不只是出现在饭后,在日常的生活中也时刻能够感受得到。特别是只要一坐下,就会觉得肚子里肠子弯弯曲曲,还被什么东西撑着。即使只是单纯站着,也会不由自主地去在意腹部这种不舒服的感觉。唯一能够忘记这种感觉的,只有在运动的时候。所以,想要摆脱这种不畅快感,结果只能是到处走动,除此之外别无他法。

"每天强迫自己来回走动,渐渐地,变得吃完饭立马就要站起来,到吃下顿饭之前,会一直来回走动,直到精疲力竭。累了之后,想要坐下,想要休息一会儿,但也做不到。会觉得一旦坐下就再也站不起来了。并且,一旦停下的话,又会不由自主地注意到腹部的不畅快感。想要停下来却停不下来,连坐下都不可以。累到最后,连自己都不知道该如何是好了。"


③晕眩感。一种觉得脚没有踏实站在地面上的不安定感。实际生活中有时也会真的出现晕眩、眼前发黑的情况。在电视剧中经常出现的,女性在受到巨大打击时,跌跌撞撞然后崩溃

瘫倒就是这种表现。

④对自我存在的不信任感。一种仿佛自己的存在受到威胁的感觉。比如"唉，管他怎么样都无所谓了"的自暴自弃，或者觉得自己活着没有价值的绝望感等。面对给人带来不安的强大外界环境，一种觉得束手无策的自己是多么卑微渺小的感受。

⑤冷热感和心情的变化。时而觉得身体很热，出了一些汗后，又突然觉得后背一阵发凉的感觉。还有，原本心情还很郁闷，突然一下子又心情大好起来。

很多人在40岁左右开始体会到这种感受。在工作间隙，短暂的一瞬间突然觉得身体中心袭来一阵冷热感，浑身冒出汗来。这通常被认为是自律神经暂时性失调所引起的。特别是在初次出现这种情况时，还以为是得了什么重病的前兆，而感到恐惧。但这种感觉至多持续几分钟就会消失。并且，从那以后，每年都会有几次这样的体验。虽然这并不是什么令人担忧的事情，但在内心最深处，还是带来了一种茫然的不安感。

当我们在焦虑时体会到的那种令人不快的感觉，就是以上各种各样的复杂感受交织而成的。

# 二、焦虑心理引起的身体变化

## 1. 敏感的身体

在实际生活中，焦虑心理也会引起各种各样的身体变化。这些变化会作为上一章节中所述的体感被我们感知。

我们人体中有交感神经和副交感神经，通常两者维持良好的平衡。但当我们感到焦虑时，交感神经就会占据优势地位，身体也会因此发生如下生理性变化。

| 心率・脉搏 | 加速 |
|---|---|
| 血管 | 收缩 |
| 血压 | 升高 |
| 血糖 | 升高 |
| 体温 | 升高 |
| 肌肉 | 紧张 |
| 脑电波 | 出现觉醒反应 |
| 肠胃活动 | 受到抑制 |
| 发汗量 | 增多 |

这些现象，和动物遭遇危机时产生的生理性变化类似。换句话说，这些生理性变化可以看作是动物在为了逃走或战斗以脱离危机时必要的身体准备状态。因此，当我们感觉焦虑时身体发生

的这些生理性变化，无论让我们感到多么不适，对于同样作为动物的我们人类来说都是必要的。

焦虑时的生理性状态，是身体紧张时的状态。如果这种状态长期持续的话，身体就会逐渐忍耐不了这种紧张，并被这种紧张侵蚀。导致的结果便是胃溃疡、十二指肠溃疡等病症。所谓溃疡，就是形成胃肠的组织内壁受到损伤，且伤口逐渐扩大。当伤口穿破内壁，胃肠上就会形成一个穿孔。自己的"心理"伤害了自己的"身体"，蚕食了胃肠的内壁，这让我们不得不感叹"心理"的不可思议。

这种以心理为主要原因所导致的身体疾病，通常又被称作"心身疾病"。焦虑心理也会引起各种各样的症状。例如：

| 呼吸系统的症状 | 哮喘、呼吸困难等 |
| --- | --- |
| 皮肤系统的症状 | 湿疹、毛发脱落 |
| 消化系统的症状 | 除胃肠溃疡外，还有大肠炎、腹泻、呕吐等 |
| 循环系统的症状 | 高血压等 |
| 泌尿系统的症状 | 尿急、尿频、漏尿等 |
| 神经系统的症状 | 面部痉挛、偏头痛等 |
| 内分泌系统的症状 | 糖尿病等 |
| 生殖系统的症状 | 阳痿、性寒（译注：与性冷淡不同，不是没有性欲，而是无法感受到性带来的快感的症状）、月经不调等 |
| 肌肉系统的症状 | 四肢痉挛或麻痹等 |
| 感官系统的症状 | 近视、听觉困难等 |

在精神分析疗法中，对于出现这类症状的人，通常是让他们认识到自己内心深处真正的原因来起到治疗效果。但，并不是只要知道真正的原因就能治愈全部症状。比如，受到胃溃疡或十二指肠溃疡反复折磨的人中，大部分人都知道自己出现问题的真正原因。这些原因可能是担心工作的进展，或是与某人的人际关系给自己带来了巨大压力，等等。

我也有十二指肠溃疡这个老毛病。每次当截稿日期逼近时，我就知道"它差不多要来了"。明明已经很习惯了，胸口还是会出现一阵阵刺痛。医学研究表明，胃炎、胃溃疡、十二指肠溃疡反复发病的原因就在于胃肠内的幽门螺旋杆菌。这种细菌在引发症状时，人的压力起到了促进作用。

必须在知道了这种心理和身体的机制的基础之上，才能去考虑具体的治疗对策。在与溃疡进行了长期的斗争与共存后，我渐渐地开始能够控制它的发病。关于这种对策的具体方法，会在本书的最后一章中进行阐述。

## 2. 并非装病

有些情况下，我们很难从外在看出心身疾病与心理原因的关联，但有时也能通过症状明确推断出引发这种症状的原因。比如，不喜欢游泳的孩子，每到上游泳课的日子就觉得恶心想吐、肚子疼；又或者一到临考前，就抱怨头痛，还有不少孩子在拒绝上学时，身体也会出现这些症状。这种情况，看起来好像是孩子为了逃避不愿意做的事情而在装病，于是父母也会忍不住训斥孩子。

但是，我们必须把心身疾病和装病明确区分开来。所谓装病，是孩子明明知道自己没病，还要坚持说自己生病了。比如明明肚子不痛却喊着肚子痛，明明没有发烧却说自己发烧了。但是心身疾病的情况，是孩子真的肚子痛，量一量体温的话也确实发烧了，又或者是真的拉肚子。因此，需要父母认真对待这些症状。

年纪尚幼的孩子心理和身体还没有分化，因此当他们"感到焦虑"时，基本上和"肚子痛"是差不多的概念。"好讨厌啊"也基本等同于"脑袋疼"。所以，作为父母不要凭借成人的想法去判断孩子是在装病或者找借口，而是要去了解并接纳孩子之所以会那样说的原因——让孩子感到焦虑的事情和他们确实焦虑的心情。

# 三、当我们感到焦虑时，会出现哪些行为？

## 1．合理性的行为

在我们感到焦虑时所采取的行为，通常分为合理性的行为和非合理性的行为。正面接纳自己感到焦虑的事情，并思考解决办法，靠一己之力无法解决时寻求他人的帮助，这些是合理性的应对行为。

一则动物实验表明，比起单纯忍受令它们感到焦虑的事情，正面应对这些事情对他们产生的心理压力反而更小。比如，在对小白鼠进行电击的实验中，电击前拉响警报声，A组的小白鼠在接收到警报信号后，按下把杆可以避免电击，而B组的小白鼠即使按下把杆也无法躲避电击。这样的状态持续较长一段时间后，B组的小白鼠患上胃溃疡，而A组的小白鼠基本没有患胃溃疡。

尽管如此，但当我们面对那些令人感到焦虑的事情时，我们并不是总能采取合理性的应对方式。

## 2.非合理性的行为

在非合理性的应对行为中，不只是有意识的行为，还包含了无意识的行为。这种情况下的无意识行为中，多数在精神分析学中又被称作"自我防御机制"，即当合理性的行为都解决不了这种焦虑时，为了避免自己受到伤害而自动产生的心理机制。

这种机制不止出现在特定的场面，之后也会反复发生效用，然后形成这个人的性格。比如，假设一个人在孩童时期遇到苦难时总是强调自己还小，借此获得周围人的帮助以渡过难关。这样的人会认为只要自己展示出自己的弱小就会更容易获得援助，于是说话变得与年龄不相称的口齿不清，或是穿着比较幼稚的服装，养成总是依赖他人的性格。

但在实际生活中，我们或许并不能够明确地区分出有意识的行为和无意识的行为，甚至说区分开来也没有意义。因此，本书将以下焦虑时会发生的非合理性行为放在介于有意识和无意识之间的概念进行阐述。

## 3.通过睡眠来逃避令人焦虑的事

人们常常会通过睡眠来逃避令人焦虑的事情。当被问到"当你感到焦虑时，你会怎么做？"时，10%~20%的人会回答："总之，先睡一觉。"以及被问到"你觉得让你心情最放松的是什么时候？"这道问题时，40%以上的人会回答："睡觉"。最让"心灵"感到平静安宁的时候，其实就是失去"心灵"的时候。

婴幼儿在被训斥之后，经常会一边哭着一边睡着。这就是孩子企图从被训斥的不快中逃离的无意识的行为机制。

像这样，在我们的内心都有一种无意识的防御机制，当我们遇到令人焦虑或令人不快的事情时，我们会通过降低我们的意识水平去应对这些事情。这种机制表现出来的最常见的形式就是发呆，也就是我们常说的"丢了魂"的状态。

小孩子就经常陷入这种状态。很早以前，教师就知道了这一机制。所以当看到孩子在发呆时，就会去想是不是孩子遇到了什么令他感到焦虑的事情了？

当然，成年人也会陷入这种状态。有时因为担心某事，不知不觉发起呆来，结果犯了原本不可能会犯的错误。因此，作为掌握着乘客生命安危的公交车司机，他们的家人们，在司机出门工作前说话要特别谨慎，以免哪句话埋下让他们焦虑的隐患。

也有很多人在面对令人焦虑的事情时，即使想要睡觉，却很难入睡。这是因为交感神经处于兴奋状态所引起的。因为身体处于高度的兴奋状态，所以即使是有意识地让自己睡着，也很难顺利入睡。

## 4．无视那些令人焦虑的事

这也是把令人焦虑的事情本身当作不存在的一种防御机制。

我们也能从动物身上找到这种机制的起源。例如，生活在沙漠里的鸵鸟，在遇到危险时，会将头埋进沙里。在幼儿眼前拿出他讨厌的东西，他会一下子扭过头去。这些行为或许都可以看作是因为他们认为"我看不到的就是不存在的"。

无视这一行为的极端表现，则是昏厥，失去意识。无视是一种通过不去想那件令人焦虑的事情而逃避不快的机制。但当这件事情太过于强烈时，想无视却无视不了。而对于这样强烈的冲击，自己却无论如何都无法接受。这时，自身会通过丧失意识来保护自己。

有些人在有些情况下，不是暂时性的无视，而是永久性地失去了感知。因此，我们会看到一些弱视、弱听的例子。因为视力不好，我们会看到一些孩子早早就戴上了如啤酒瓶底那样厚的眼镜，有些孩子听力很弱，只能戴上助听器。

但有些研究者发现，在这样的孩子中，有一部分孩子在看电视时，哪怕坐得很远，却表现出能看见、能听清的反应。因此，运用一些策略对这些孩子进行更为详细的检查，最后只得到一个结论——在生理学上，他们是能看见、能听见的。

那么，是孩子们在撒谎吗？也不是，他们是真的看不见、听不见。研究者们继续对孩子们的母亲进行调查，发现原因很有可能存在于母亲与孩子的接触方式上。

母亲总是事无巨细地干涉孩子的一切。一天里会说数十次"你去做这个""你去做那个""这个不能做""那个不能做""你要这样做"等类似这样的话，而这些话对于年幼的孩子来说过于残酷，孩子逐渐无法忍受这种不快。因此，无意识中"不想看""不想听"的自我防御机制发生作用，结果导致孩子变得看不见、听不见。

而"看不见""听不见"实际上成了保护孩子的工具。因为身体方面的某些弱势，可以获得母亲的庇护。即使达不到母亲期望的程度，也能被母亲宽容接受。因此，弱视和弱听的症状便在孩子身上持续下去。

# 5. 常常歪曲事实

莱昂·费斯廷格（Leon Festinger）指出，一般来说，引起人们不快的事情通常会被无视或被歪曲，并且我们总体的行为是朝着躲避这些不快而发生的。他将这一现象命名为"认知失调"。

这一理论指出，当一个人要同时认可两件相互矛盾（不协调）的事情时，会产生不适感，并且为了消除这种不适，会发生无视、歪曲事实等各种各样的行为。据推测，这种逃避认知失调状态的心理，很大程度上是焦虑和不安在发挥作用。

举个简单易懂的例子，假设有一个烟瘾很大的人，他知道有研究结果显示吸烟会极大地提高罹患肺癌的概率。自己吸烟的事实和这项研究结果在他的认知里是不协调的，对于他来说，知道这项研究结果会让他感到不适（焦虑）。为了消除这种不适，他有意无意的心理机制开始起到作用。在这种情况下，能够消除这种不适的方法有以下两种：

① 接受研究结果，戒掉吸烟的毛病；
② 拿出其他理由，说服自己继续吸烟。

只要戒烟的话，这种不协调就会消失。于是，有人为此戒了烟。但戒烟并非一件轻而易举的事，因此，也有不少人选择第二条路。这时，举几个例子，他们会为自己找到如下借口。

• 只不过是以100名左右的患者为对象进行的研究，研究结果也不足以信赖。
• 研究结果只是说明了概率上的问题，并不能说明每个人的情况。吸烟的人也不是都得肺癌死了，这就是证据。相反，不吸烟的人不也有得肺癌死的吗？
• 反正迟早是要死的，趁活着的时候尽情地吸自己喜欢的烟，到时候死也算死得值得了。
• 就算不吸烟，吸被污染了的空气也是一回事儿。

费斯廷格通过各种场景事例证实了认知失调理论，我们来举其中一个例子。

以计划购车的人为对象，调查他们对于报纸、杂志上刊登的汽车广告，究竟会读到什么程度。结果显示，为了决定车型，他们会阅读各种各样的广告。

但是，已经决定好要买哪种车型的人，就只会去读自己选好的车型的相关广告。甚至，大多数时候都注意不到报纸、杂志上登载了其他车型的广告。

一旦看到其他型号的车，就可能会被迫知道自己选的汽车所不具备的优点。已经选定了某种车型，和知道其他车型的优点，这两件事使人在认知上出现不协调，会给人带来不快的感觉。为了提前避免这种不协调的出现，他们就会有意识地去忽视其他车型的广告。

在听人说话或与人讨论时，也会出现这种情况。在做笔记时，更倾向于去记录一些能够支撑我们自己观点、价值体系的意见和内容，去记住它们。

"情人眼里出西施"这一现象，也可以用认知失调理论来解释。自己喜欢对方这件事和承认对方的缺点是不协调的。因此，会将对方的缺点歪曲成优点去认知。一旦喜欢上对方，就会把他的"优柔寡断"美化成"温柔"，"不成熟"美化成"单纯"，"冷漠"美化成"害羞"等。甚至有些女性，在被对方欺侮、遭受暴力时，会将这些行为当作对方对自己特殊关心和在乎的证明，然后接受这些暴行。

因焦虑而去扭曲自己认知的例子，还可以举出很多很多。误把水鸟飞起的声音听作敌军来袭，导致军队气势全线崩溃。因为内心惧怕黑暗，错把芒草看成幽灵。驾车行驶在夜路上，路边的石碑也能看成人。对父母藏了秘密的孩子，看到即使是父母再正常不过的表情，也会解读成父母已经知晓了自己的秘密。

## 6. 遗忘那些令人焦虑和厌烦的事

将令人焦虑和厌烦的事情从意识中除去的方法之一，便是遗忘。在心理学领域，从很早以前就开始进行各种与记忆相关的实验，得出了各种各样的法则。在这些法则当中，有一条便是"与令人不快的体验联系在一起的记忆更容易被遗忘"。

有一位快 60 岁的幼儿园园长，她认为讨好董事们才是保住自己的手段。因此，一直以来一味地采取十分严格的办学方针。

面对老奸巨猾的园长，年轻的女老师们较量不过，只能在背地里批判她，然后老实地顺从她的领导。只要园长一走进教室，孩子们立马就会端坐起来，一言不发；老师们也战战兢兢，如履薄冰。园长一走出教室，就能听到孩子们解放了似的长呼一口气。

这种扼杀压制孩子们的指导方针，却得到了年迈董事们的一致好评。极少数觉得教育孩子太棘手的父母，也对此表示了支持。

我有过几次和这名园长对话的机会。有一次，我刻意提到了因为反对园长的指导方针而辞职的 A 老师。结果，这名园长说："我们幼儿园没有过叫这个名字的老师。"并继续解释道，完全不记得有老师因为反对自己的方针而辞职了这回事儿。这不过是短短几个月前发生的事，她应该不会忘记的。

这名离婚后孤身生活的园长，把讨好董事、让董事满意，认定是自己生活的保障。但主张以孩子为本进行保育的 A 老师，揭发了园长的不当行为，威胁到了园长的利益。对于园长来说，A 老师成为给她带去不话和不安的最大源头。因此，园长选择将 A 老师这一存在从自己的意识中彻底抹去。

慢慢地，没有一个家长站出来支持园长了，这名园长也因此被迫离开了幼儿园。

长年致力于处理离婚问题的 YORIKO MAKADO 女士曾说，前来咨询离婚相关问题的女性，经常记不住结婚纪念日，甚至连丈夫、孩子的生日也不记得。这些现象，也可以看作是"与令人不快的体验联系在一起的记忆更容易被遗忘"的心理在作祟。

"与令人不快的体验联系在一起的记忆更容易被遗忘"这一心理，可以解释"当你觉得学习这件事让人厌烦时，你的学习效率也会很低"这一现象。无论花多少时间脑子总是记不住知识，是因为学习这件事情本身给你带去了不快。

为了提高效率，营造快乐学习的氛围十分必要。因此，那些唠唠叨叨逼着孩子学习的父母，总是事与愿违：孩子们学习效率低，成了学习不行的孩子。

而且，这一心理也告诉了我们，焦虑感是不利于学习的。易焦虑体质的人会把各种各样令人担心的事情与不快联系起来。于是，因为感到不快而不得不遗忘很多事情，最终留在脑子里的东西就越来越少了。

我们常常认为，"遗忘"这件事情是自然而然发生的，不需要任何努力。但是，像前面提到的园长作为自我防卫手段的遗忘，其实就是刻意将相关记忆从脑海中剔除的。因此，遗忘也是需要投入精力的。需要投入精力把这些想要遗忘的记忆排挤到大脑中无意识的部分去。为了"遗忘"花掉了很多的精力，这样花在记住某事上的精力就相应地减少了。

# 7．习惯深入思考问题

从上述文章中可以得知，易焦虑体质者一般来说不擅长记忆"浅而广"的事情。但现下盛行的，是一些掌握着许多浅而广的零散知识的人更容易受人赞许。

因此，有些人特意积攒了许多无聊的杂学知识。这些人是与易焦虑体质搭不上边的人。他们总是轻而易举地在谈话中把气氛弄得火热，又或是引领整场谈话的节奏。这些，在易焦虑体质者看来是那么令人羡慕不已。但他们能做到的也仅此而已。随着人际关系逐渐加深，比起浅而广的谈话，人们会越来越渴求内容有深度的话题。因此，这类人终究只能在浅而广的人际关系里发挥他们的本领。

而易焦虑体质者更适合"窄而深"的学习。因此，在与人深度交往时，他们的本领就能够得到发挥了。所以，无须羡慕他人浅而广的轻巧的谈话技能，在日常生活中积攒自己深厚的造诣即可。

如果心理冲击过于强烈，那么不止与其相关的事情，健忘还会扩散到意识中更广的范围。有时，甚至连自己是谁都忘了。这就是所谓的解离性健忘症、心因性遗忘症。这也是一种因为自己无法承受记忆对心理的冲击，而在无意识中产生的自我防御机制。

# 8. 喜欢从对方身上找原因

上述内容中，无一不是把令人焦虑的事情从意识中消除的心理机制。从精神分析学的角度来说，这是一种叫作"压抑"的自我防御机制。这种心理会将自己陷入危险的记忆、想象、欲望等压制到无意识中去。

但如果只是压抑的话，焦虑还是存在于心中。因为自己知道这件事还在心底的某个角落，所以总感觉有所担忧。于是，为了更加彻底地压抑这种担忧，另外的心理防御机制进一步开始发挥作用。其中一种便是将自己的心理投影（或叫投射）到别人身上的防御机制。

比如，某人压抑着某件令人焦虑的事情。于是，即使他表面上看起来风平浪静，但其实内心深处已是战战兢兢。这种内心深处的不安令他束手无策。为什么？因为他自己原本就拒绝承认这件事情。

于是，他无意识中，开始从外部找令他焦虑的对象。是那个人企图挤掉我，是那个人在背后传我的坏话等，一旦焦虑的根源对象确定了，他就有办法应对了。既可以先发制人地攻击他人，又可以抢在人前预先安排布置。

在某项调查问卷的"人们都以他人的失败为乐趣""大部分人在看到他人即将成功时会使绊子拖拽他人一把"等问题上，回答"认为是这样的"人，即是将自己的攻击性投射到他人身上的人。同样，如果总是有受到他人攻击的被害妄想，大多数情况下是把他人的攻击性投射到了自己身上。

# 9. 常常责备自己

在无法完全压抑认知的失调而内心担忧时，还有一种心理是通过自罚来消除这种失调的。所谓自罚，就如字面意思自己惩罚自己。

小时候，当我们做了错事时，会被父母责罚。因此，我们产生了一种预感，即做错事要受罚。

虽然这种预感令人不快，但一旦被惩罚，这种焦虑便会被抵消。比如，一个撒了谎的孩子会一直担心谎言败露后被训斥，但实际上真的败露被训斥后，这种担心就消失了。

因此，被训斥这件事，反倒把他从焦虑中解救出来。于是，心中形成了"焦虑→惩罚→安心"的连锁效果。如此一来，再遇到类似令人焦虑的事情时，无意识中就会产生一种心理，那就是只要自我惩罚的话，就可以逃离这种焦虑和不快。

特别小的幼儿，有时会用实际行动来进行自罚。比如，在被大人说"不能这样做"时，会自己敲打自己的头。稍稍长大一些后，便在意识中进行自罚。比如开始思考，"这样做不行""我做了坏事"等。

因此，陷入罪恶感中也是自罚行为的一种。通过陷入罪恶感，他会慢慢地在潜移默化中认为自己犯下的错得到了原谅。并且，他还能通过罪恶感得到自我满足，因为他认为陷入罪恶感这件事本身就是自己心灵澄澈善良的证明。所以，罪恶感很强的人通常都难以从罪恶感中摆脱出来。

当自罚无法只停留在意识中时，即使是成人也会付诸实际行动。比如，自残行为就是这一心理的体现。另外，说起为什么犯罪者会重回犯罪现场，其实，这种行为也能看作是回味现实的心理在推动。所谓回味现实，即哪怕对自己十分不利，但不去确认一下事实就浑身不自在的一种心理。

比如，有些人在受伤处绑上绷带后，总会按压一下伤口确认痛感。明明知道会痛，但就是忍不住去确认到底有多痛。

那么犯罪者的情况是，尽管害怕被发现，但忍不住一定要去确认犯罪行径的一种心理。只是这种回味现实的行为或许并不能说明什么。但这其中，是不是也包含了他潜意识中，希望通过被目击发现、被逮捕，以及这种悬而不决的罪恶感，使自己得以解脱的自罚心理呢？

更露骨地说，有些时候，这或许是犯罪分子故意使自己罪行败露的行为。举个例子，曾经有一名杀害女童的凶手，给新闻媒体寄去了关于犯罪的信件。因为信件中包含着与事实不符的内容，所以凶手也一定有打乱搜查阵脚的意图。

同时，通过使媒体骚乱，凶手或许也能从中获得满足感，即所谓的愉快犯（译注：扰乱社会并以引起社会反响与关注为乐的犯罪）的心理。但是，即使不做寄信这件事情，大众媒体为了博人眼球、轰动社会也在每天报道此案件，报道中的犯人画像更是与实际犯人相差甚远。即便如此，凶手还是寄信了。因此，我们可以推测这种行为的深处，存在一种犯罪者无意识的心理，那就是企图通过设想自己被逮捕、被惩罚而使自己的焦虑情绪从罪恶感中得以解脱。

# 10．采取反向行为

内心很敏感的人，对于将某事压抑在自己心里会不由自主地抱有一种欺瞒感。为了摆脱这种自我欺骗的感受，会做出与自己压抑的事情完全相反的行为。这一心理防御机制也被称作"反向形成"。

比如，当特别讨厌一个人时，就会压抑这种情感。如果是一个感受性比较迟钝的人，会一边压抑着这种情感，一边心平气和地和对方接触。但如果是一个感受性很敏锐的人，就无法伪装自己抱着平常心与人交往。那么，怎么做才好呢？如果自己的行为能够展示出自己是喜欢对方的话，就可以说服自己了，周围的人也会这样认为。因此，开始采取过度展现善意的行为。

如果被压抑的东西是性欲，就会产生过度禁欲的行为。即使朋友们都在谈论性方面的话题，自己也表现出完全不关心，甚至是轻蔑的样子。在日常生活中，这种心理被点破，常被形容为"不露声色的色鬼"，即平时似乎对情色不感兴趣，而实际上是个好色之徒。

如果被压抑的东西是敌意，则会用过度的偏爱和温柔表现出来。比如，从有着过度保护心理的母亲身上就可以看到这一例子。

假设有一个无法完全接受自己孩子的母亲，她无法接受越长大越像自己那邋遢、狡猾，甚至现在还在后悔结婚的丈夫的孩子，也无法接受夺走了自己人生其他可能性的孩子。她自己无法去爱自己的孩子，是不是不配做一位母亲？一想到这儿，这位母亲就会陷入深深的不安。于是，开始压抑自己无法接受孩子的心理。

但是，对于无法接受自己的孩子这件事儿，她在内心深处是有罪恶感的。她会担心，在与孩子的接触过程中，会不会表露出了对孩子的厌恶？于是，她给予孩子过度的关怀，表现出过度的关爱。她通过这些试图说服自己："为了这孩子，我都这般尽心尽力了，我是不可能讨厌这孩子的。"

并且，外人也会认为"那个人呀，过于溺爱她的孩子了"。这便是有着过度保护心理的母亲的一个例子。

如果被压抑的东西是自卑感或无力感，那么他们反倒会去拼命展示自己的强大和优秀。这一心理防御机制，在阿德勒心理学中被称作"补偿"。在日本，曾经有一位著名 SM 俱乐部女王，与一位被称作内阁黑幕的政商老手发生关系的新闻一度成为社会话题。

国会议员、独当一面的公司董事长等，时不时地就会被爆出这样的新闻。追求地位和权力，在阿德勒看来就是对于自卑感的补偿。为了摆脱这种自卑感和无力感，才会去追求地位与权力。所以，在这种人的内心深处，充斥着自卑感和无力感其实并不罕见。能够真实表现出自己无力感的被虐待体验，能够为他们带来"这才是真的自己"的感受，让他们感到安心和放松。

那么，如果被压抑的东西是焦虑呢，则会表现出一副自己完全不焦虑的样子。在我读高中时，有一名特别优秀、以最难考的名校为目标的同学。他在重要考试的前一天，会专门花时间去看电影，或者去登山。

或许有人会称赞说，真是学有余力才能去做那些事。但在我看来，他是稍有些神经质的，因为他经常会委婉地吹嘘自己这个行为。恐怕是他对于考试的强烈不安，才让他不得不做出那些行为。因为他需要提前制造一个借口，那样即使考试失利，他也可以说服自己和周围的人，是因为去看电影、去爬山了才没有考好。

像这样，人们有时会为了摆脱焦虑，去做出一些大胆的行为。胆小的人有时变得大胆，也是因为这种反向形成的心理防御机制。

# 11. 变得有攻击性

人一旦焦虑，就会变得急躁、易怒、不由自主地说出过分的话。有时甚至会损毁物品，直接对人使用暴力。哪怕是遇到危险只知道逃跑的兔子，在被逼到绝路的时候，也会用嘴咬、用前足攻击敌人。这与人在焦虑时表现出的暴力倾向，在本质上是相同的。

但是人在焦虑时，其攻击的对象应该是不明确的。即使是明确的，在很多情况下也无法攻击那个对象。比如，在做了什么坏事好像要败露时，到底攻击谁才好呢？又或者，担心领导训斥自己，但又不能攻击领导。

因此，我们不知道这种想要攻击的冲动和能力到底要向哪里发泄才好。这就是我们变得急躁对无关的人乱发脾气的原因。

如上所述，在焦虑时的暴力行为中会产生置换心理。（译注：置换又称为转移，是一种攻击性防御机制，指原先对某些对象的情感、欲望或态度，因某种原因无法向其对象直接表现，而把它转移到一个较安全、较为大家所接受的对象身上，以减轻自己心理上的焦虑。）在理解不明缘由的攻击行为时，理解这种置换心理显得十分重要。在西欧有一个寓言故事说"经济不景气时芝士就会卖得特别好"，在日本也有同类的因果论俗语："大风刮来个聚宝盆。"[译注：大风刮起沙尘使盲人增加，盲人所用的贴三味线（乐器的一种）的猫皮需求增加，导致猫的数量骤减，老鼠大增，而老鼠啃食盆桶，最终使桶店生意兴隆。

人们以此来形容事物之间的间接影响。]

所谓"经济不景气时芝士就会卖得特别好"，是说经济不景气时，经营者面临破产感到焦虑和不安，对员工也变得严厉起来。一名当了父亲的员工因为不能顶撞领导，于是回家后迁怒于妻子。妻子迁怒于孩子，孩子迁怒于家犬，家犬迁怒于家猫，家猫迁怒于老鼠，老鼠再迁怒于芝士，最终因为老鼠啃食芝士而导致芝士大卖。

每个人的愤怒都有一个释放临界点，在这个临界点以下尚可以忍受，一旦超过这个临界点便会爆发。一件件小事积压起来，有时会因为最后一根稻草被激怒，甚至殴打他人。孩子有时会有这样的体验和疑惑：父母怎么会为了这么一件小事儿发这么大的火？这一理论便说明了背后的原因。

其实，人在焦虑时可能会变得暴躁易怒，甚至会发生暴力行为，也是因为这些行为具有把令人焦虑的事情从意识中消除的功能。通常，我们都具有自我意识，知道自己在做什么。人在一心投入战斗时，注意力全都会集中在战斗上，而且战斗会让自己士气高昂，给自己带来某种充实感。攻击行为，会让被无力感充斥的自己一时间感到夺回了力量。因此，内心深处有无力感和自卑感的人具有暴力倾向，也并不稀罕。

曾经有一档委托人委托节目组寻找离家出走的家人的节目。在这个节目中，经常会出现因为家庭暴力导致妻子离家出走，然后丈夫来寻妻。他会在节目中痛哭流涕地发誓再也不使用暴力了，求妻子回来吧。或许人们会想，他平时就用暴力欺负妻子，妻子不在了，正好可以公然勾搭其他女人，恐怕他内心正暗自窃喜妻子人间蒸发了吧。

但其实，这种男人是十分依赖他们的妻子的。通过对柔弱的妻子施行暴力，他们才能从无力感中被拯救出来。因此，屈服于自己的暴力而让自己真实感受到存在价值的妻子，对于他们来说是不可或缺的。

在从事与孩子接触的相关工作的专业人士看来：暴躁的孩子通常是精神方面没有得到满足。并且，对于这样的孩子来说，与其心理和身体上的肌肤接触都是极为谨慎和重要的。

爱子（化名）是一名小学老师。在她担任班主任的班上来了一名转校生。这名转校生是女生，而且具有暴力倾向，会因为一丁点儿大的小事就暴躁发狂。有时会把其他女同学的头发拽到冒血，有时甚至会激烈地把男同学打出鼻血，爱子老师尽可能地去温柔地、亲密地接近她，结果都没什么用。

在一节体育课上，孩子们依次玩着跳箱子的游戏。就在一个孩子正要跳出去的瞬间，这名女生伸出了脚。已经起跳的孩子被绊了一下，身体失去了平衡，好不容易手撑到了箱子的一角才没有受伤，要是摔倒的方向再偏差一点儿很可能就要出大事儿了。

爱子老师来不及思考，激动地用手臂把这名女生摁住，反复高声质问道："为什么？！为什么要做这样的事？！为什么？！"女生想要从老师手臂中挣脱，变得暴躁起来。她开始用自己的指甲使劲儿抓老师的手臂，甚至用牙齿去咬。尽管如此，老师还是紧紧地把她压住，一边哭一边反复问着："为什么？！为什么？！"此时，老师的手臂已满是伤痕。

但是，没过一会儿，那名女生突然不用力了。"她好像突然间把自己的身体、心全都交给我保管一样，放弃所有抵抗，依偎在我的手臂中。"虽说这名女生之后也并不是完全没有暴力倾向了，但很明显，以此事为契机，她改变了。

## 12. 返回小时候的行为状态

人在遇到令人焦虑的事情时，会变得不那么灵活，容易反复做一些无意义的行为。这种行为在心理学上被称作"固着"。心理焦虑的人，会在房间里来回踱步就是固着行为典型的例子。

在处于焦虑状态时，人的思维会兜圈子（译注：反复思考，重复相同的内容），行为也变得不灵活。因此，易焦虑体质者只要心里藏了点什么事，就很难充分发挥出自己的才能。

其实，固着是一种退化行为。所谓退化，从发展心理学角度来看，就是指行为举止跌入了更低的一个层次。比如，有一个很有名的例子，说的是一个孩子有了弟弟妹妹后，其行为举止会重新变得像婴儿。明明已经长大不再用一些含糊的婴儿用语，也不再尿床了，可当弟弟妹妹出生后，他会再次开始说婴儿用语，甚至出现夜尿的现象。因为父母的关心总是会倾向于新生儿身上，所以这个孩子会觉得父母的爱被这个小婴儿夺走了。因此，他会在无意识中认为，如果自己也变成小婴儿的话，就能夺回父母的爱了，于是产生了重返婴儿时期的现象。

当我们生病时，自我机能会减弱，于是容易产生退化行为。医生和护士都亲身经历过病人的这些现象。所以，他们对待患者有时会采取对小孩子说话的用词和语气方式等。

当我们陷入不安情绪时，想要去见所爱的人，想要去依赖某人也是退化的一种表现。婴幼儿在遇到令他不适或不安的事情时，会通过哭泣、寻求母亲的怀抱来摆脱这些情绪。又或者在幼儿离开父母身边，遇到了可怕的事情时，会迅速跑回父母身边。伴随着不断成长，孩子渐渐学会了依靠自己去处理这些不安和危险。但感觉只靠自己无法彻底处理这些情绪的时候，这种婴幼儿时期的依赖心理就在潜意识中苏醒了。

上一节已经讲过的攻击行为，有时也是退化的一种表现。比如，放肆摔东西、把书撕碎等，都是幼儿时期本人无法克制自己情绪时，发脾气的行为的再现。


# 13．逃离可能会受伤的场合


当觉得自尊心可能会受到伤害时，"逃避"这一防御机制经常会起作用。一旦自己意识到"因为害怕自尊心受到伤害，自己正在逃避"，虽然只是意识到这件事本身，但其自尊心已经受到伤害了。因此，很多情况下，这种防御机制会变得非常巧妙。

K 同学因为长相酷似当时一位很有人气的演员，所以在学校颇受女同学的欢迎。在讨论课上能够敏锐地阐述自己极具分析性的见解，老师和同学们都认为他是个"优秀的人"。

但是，在大四的时候却发生了奇怪的现象。首先，K 同学的毕业论文完全没有进展，于是，指导老师让他和正在交往的女朋友共同研究合写一篇论文。K 同学会嘴上说点想法，但完全不会自己去写，结果还是女朋友一个人完成了论文，将其作为共同研究人加上了他的名字提交了上去。

在就职时，因为毕业于师范院校，所以 K 同学要和其他很多同学一起去参加教师招聘考试，但考试当天他却缺席了。

指导老师找到他问他到底打算怎么办，他说想继续学习，去读专攻科（日本大学毕业后一年制的课程）。但最后也只是报了个名并没去参加专攻科的考试。就这样，K 同学并没有找到工作，而大学只剩下一年了。

第二年，K 同学还是想成为教师，于是去报名了教师招聘考试。但是，考试当天还是缺席。接着，他又说还是想读专攻科继续学习。

指导老师这次是真的生气了。又到了那一年的专攻科考试，负责专攻科考试的老师说："他参加考试了哟。"正当指导老师因为这句话终于松了一口气时，监考老师接着说："在考试时间还有 5 分钟的时候，他把好不容易写好的答案拿橡皮全部擦掉了。"最终 K 同学交了一张白卷，但仔细看一看试卷，他擦掉答案的方式是让自己的答案断断续续地可以看懂一部分的。

K同学一直被周围的人夸赞优秀，并在这样的环境下成长起来。在他的自我概念里也认为自己是优秀的。但如果毕业论文写得不好，这样给人的印象就会崩塌，招聘考试失败了，也会崩塌，专攻科考试也是一样。所以，他拒绝写论文，也拒绝参加考试。

但最终不能一直逃避。一旦选择逃避，自己就会明白，自己是在通过逃避来拼命保护自尊心。因此，K同学去参加了专攻科的考试。但是，拼命写出来的答案万一得不到一个好成绩，更会将自尊心打击得粉碎。于是，他把答案擦掉了。

虽然擦掉了答案，但同时又必须展示出其实自己是完成得很好的。不然的话，就等同于自己完全不行。所以，他在自己完成得特别好的部分，只是轻轻擦了擦，留下了证据表示自己其实是可以考好的。

对于K同学的这一系列行为，或许会有人怀疑他是不是有什么精神上的疾病。但K同学这段时间保持着他一贯的朝气，在其他方面也非常稳定，适应性强，表面上也完全没流露出丝毫忧愁。除了知道这些事情经过的教师以外，在其他人眼里，K同学的学生生活过得精彩万分。最后，实际上是以教授半强制的形式，K同学找了工作，之后也基本上没什么烦恼，积极地工作着。

像上面说到的，逃避是我们意识不到的但在日常生活中会用到的一种防御机制。比如，快到期末考试时开始打扫房间，开始想读小说等就是如此。把自己的时间排得满满的，不然就心慌焦虑，也是一种逃避内心深度不安的手段。那些每天加班，休息日也要上班的公司猛士，有的就是为了逃避家里一些令人焦虑的事情。

# 14. 出现摄食障碍

当人感到焦虑时，胃液的分泌会受到抑制，因此很多人会产生厌食情绪，但相反也有人会因此暴饮暴食。就好像在自己胃底有一种不安，又不能通过食道释放出来，于是就想通过食物来压碎它。

曾经有过这样一个事例。有一天，一个想当音乐教师的女学生来找我咨询。说是巧克力吃太多了导致耳鸣，而且弹钢琴时手会颤抖。

我问她具体吃了多少巧克力时，她回答，把巧克力说成主食也不为过。早餐吃两盒巧克力，午餐吃三盒巧克力，晚餐也是巧克力，三餐之间还会吃一些巧克力当点心。一天加起来可以吃十盒巧克力。

但吃了这么多，心里烧得慌，觉得很痛苦，于是晚餐开始吃满满一大碗蔬菜沙拉。吃完觉得清爽了，又继续吃巧克力。如此循环往复。尽管不停说服自己"不能这样吃了，不能这样吃了"，但独自居住的寂寞又让她忍不住伸出了手。

我向她的钢琴老师确认，老师说她的手指在弹钢琴时并没有颤抖。恐怕是巧克力里所含的咖啡因使她的大脑感知水平异常提升，因此能够感受到自己的手在颤抖。

曾经她母亲从乡下过来陪她一起生活的那段时间，她就不会过量摄入巧克力。于是，我让她拜托她班上关系好的同学暂时去陪她一起生活一段时间。虽然这期间有过各种矛盾，但在同学的帮助下，她适应了学校生活，而且对巧克力依赖的症状也得到了改善。

这种焦虑、脆弱时就想通过食物来逃避的行为，原因可以追溯到幼儿期。当幼儿情绪不好时，周围人常常会用食物去抚慰他的情绪。长此以往，就会形成一种心理机制——当感到任何不快时，就要通过进食去摆脱这种不快。

这种心理机制反映在女性身上是"暴饮暴食"，反映在男性身上则是"自暴自弃式酗酒"。这类人群是想通过酗酒使自己的感知水平降低，以此来摆脱内心的焦虑和不安，但酒醒以后，那些焦虑还是留在心里。

这时将焦虑和担忧的心情放任不管，它们会变得愈发强烈。因此，下次就需要更大强度地降低自己的感知水平。于是，开始增加饮酒量，不久变成酒精依赖症。沉溺于服用降低人感知水平的信纳水（致幻剂）等药物也是逃避手段的一种。

# 15．求助于性行为

焦虑是因为预感到将要有不好的事情发生，那么只要把心思限定到"现在"，就可以摆脱焦虑。这其中，做爱便是一种很常用的方法。

有些男性在心里焦虑时可能会出现阳痿的现象。这种情况只是暂时性的勃起障碍，并不是性欲本身减退了。在西村寿行（译注：日本著名小说家，代表作品《君啊，渡过愤怒的河吧》，中文电影译名《追捕》）的作品中，经常会描写一些角色在危险迫近时发生性行为。因为有研究报告显示在小孩遭遇极度恐怖的事件时阴茎会勃起，因此他作品中的人物或许也不见得就是荒唐无稽。

性行为除了能让人陷入忘我境地以暂时忘却焦虑，还有各种各样缓解焦虑的方式。其中之一，便是双方肌肤接触带来的心理效应。仅仅只是肌肤之亲，便能让人感到安心。

哺乳动物原本就是在母体子宫中，与母亲身体密切接触的状态下诞生、发育起来的，这种状态是极度舒适的。因此，即便是出生后，与父母的肌肤接触也会给孩子带去安全感和舒适感。但是，伴随着成长，孩子与父母身体接触的频率逐渐减少，能够接触的部位也越来越少。以前可以抱着、背着，到后来只剩下牵手。同时，接触的时间也越来越少。随着孩子进一步成长，与父母的身体接触会被看作是异常行为。那么接触的对象就只能是伴侣了。

如此寻求肌肤之亲的行为，不只出现在人类中。在著名的哈洛"恒河猴实验"中，从出生第一天便与母亲分开的小猴，面对身上挂着奶瓶可以哺乳但却是由铁丝制成的"铁丝妈妈"和虽然不能哺乳但是由柔软布料制成的"布料妈妈"，小猴明显更亲近"布料妈妈"。

女儿饲养的兔子为了寻求主人的抚摸，不停地咬笼子和饲料盘。肌肤之亲，可以说是同样作为哺乳动物的人类的根源性欲求。

而性行为不仅仅是为了满足肌肤之亲的原始欲求，更是有着帮助克服身心分离问题的作用。之前已经讲过，所谓焦虑是一种体感性的现象。

换句话说，焦虑即是心理和身体分离的一种状态。而性行为可以通过身体接触获得心理上的快感，因此能够给人带来尽管是暂时性的身体和心理统一的感觉。

## 第三章

Why

we

are

anxious

性需求
和自卑感
所产生的
不安

无法获得
重要的人
认可的不安

可怕的世界里
孤身一人
的不安

# 焦虑与不安，
# 是如何
# 产生的？

# 一、由性需求产生的焦虑与不安

## 1. 弗洛伊德的精神分析法

不安可以分为正常不安和异常不安。所谓正常不安，是指对于未来的或对于未体验过的事情的不安，这种不安是有根据的。有了这种不安，就能够对将来的事情或可能遭遇的危险有所准备。所谓异常不安，则是指没有根据的不安，或者即使有根据却过度了的不安。关于异常不安的分析，在其深度方面，没有学说胜得过精神分析学。因此，本节将给大家介绍精神分析学流派中极具代表性的有关理论。

精神分析学创始人西格蒙德·弗洛伊德认为，人的内心由"本我""自我""超我"组成。

"本我"，是人心理中动物性的、满足本能冲动的部分。比起心理，或许更可以理解为是一种冲动性的能量。

人出生时只有这一种心理，当我们去回想一下婴儿的心理状态，就可以明白"本我"究竟是什么。当婴儿遇到尿布太凉、肚子太饿等令他不舒服的状况时，就会大声哭喊。如果他的需求得不到满足，他就会一直号啕大哭，完全不会考虑周围的情况而忍耐一下。无论何时何地，婴儿都寻求满足当下的欲求，追求眼前的快感。因此，"本我"又被称作是服从快乐原则而发挥作用的心理。

弗洛伊德也认为，这种"本我"冲动的心理其实带有着性的色彩。比如，婴儿在吮吸完母乳后，会继续把乳头含在嘴里，这可以看作是婴儿在体会性的快感。又或者，排尿、排便这些事情对于婴幼儿来说，也可以看作是性方面的感觉体验。成年人的接吻等，便是他们在幼儿期这些感觉体验的残存。

弗洛伊德又将这种性冲动称之为"力比多（译注：精神分析用语，指生理能量，意为欲望、性欲）"，认为这是会对人的精神生活产生重大影响的要素，并对其十分重视。他对性的这种解释，在精神分析领域，引起了极为激烈的批判。

接下来是"自我"，所谓"自我"，则是内心服从现实社会规则的部分。这其中便包含了我们常说的"心"。

一个新生儿诞生于这个世界上，会逐渐遇到物理性法则和社会规则。为了安全地生存下去，他只能去掌握这些物理性法则和社会规则。于是，便形成了记忆、思考、想象、忍耐、意志等心理。这些为了适应现实社会而形成的心理便是"自我"。所以，"自我"也被称作是服从现实原则的心理。

最后，是"超我"，这是指社会禁忌、伦理、道德，以及父母的价值观、理性等内在化的心理。

社会中，还存在着超出合理性法则的禁忌、伦理、道德等概念。比如，在人前暴露出性器官的行为、近亲通奸的欲望等是被禁止的。除此之外，明目张胆地表达对对方"厌恶""憎恨"的感情，很多情况下也是违反社会道德的。生活在这样的社会价值体系中，孩子的心中也逐渐形成了禁忌、伦理和道德观念。

另外，父母在与孩子接触时，会表现出期待和理想。这种表现有时是毫不掩饰的，有时则是在不言不语中默默表现出来的。但看到自己的孩子不如别人家的孩子时，父母虽然嘴上什么都不说，但那一瞬间还是会忍不住皱起眉头。这样的事情在日常生活中无数次发生，每天都在积攒着，父母暗自的期待也逐渐在孩子心中积攒成为顽固的存在。

"超我"的形成，源于幼儿时期与父母的同一化。即因为面对父母时的无力感和全面依赖感而导致的在幼儿内心刻下的"超我"。因此，即使是成年人，对于"超我"也像婴儿一般感到无力，只能服从。当自己的行为不符合"超我"要求的标准时就会产生罪恶感，也是因为如此。

## 2．无意识闪现的瞬间

"本我"遵从快乐原则，不考虑任何事情，是一种只追求当下满足的冲动的心理。因为这种心理违背了伦理、道德、禁忌等，于是"超我"试图抑制这种"本我"的冲动。但是，"本我"的能量过于强大，一直保持压抑"本我"是相当困难的。

另外，被压抑的能量也在不断积蓄，于是不得不用一些手段去发散这些压力。

因此，满足"本我"和"超我"两个方面，同时以能够被社会容许的形式去发散这些压力的便是"自我"。

到了"本我"中充斥了更多能量的青春期后，"超我"越发难以抑制"本我"的这些能量。于是，"本我"的能量就会冲破无意识的界限，几乎快要侵入意识层的领域。而"本我"的能量出现在意识的面前是十分危险的。为什么这么说呢？因为"本我"是不进行任何社会性考虑的本能冲动。

因此，"超我"会因为无法凭借自己的力量合理地、彻底地处理这些问题而感到不安。于是，在无意识中，为了处理这种危险的事态，"自我"开始发挥作用。这就是所谓的"自我"防御机制。

以上所述，我们通过下面的例子来看看，或许更容易理解。当和喜欢的人独处时，想要满足性冲动的欲望就会逐渐高涨。对于这种性冲动，"超我"会感到罪恶，于是发挥其机能抵抗性的诱惑。但最终无法压抑越来越高涨的性冲动。

此时，"自我"会想"如果是因为爱，任何事情都是能够被原谅的。"然后，认定自己是"爱着对方的"，通过这样的想法，不违背"超我"去满足自己的情欲。从这个角度来看，"如果是因为爱，任何事情都是能够被原谅的"这样的想法，也可以解释为是"自我"防御机制的一种。

## 3．性的过度意识化

那么，关于不安，弗洛伊德早期认为"被压抑的情欲、冲动不断积攒，会自动地转化成不安"。这一观点很好地说明了为什么人在青年期会有高涨的不安情绪。具体来说，人在青年期情欲冲动增强，但因为没有结婚，没有情欲发泄的对象，于是情欲冲动积攒起来，给青年带去了不安。但是，也有一些例外，比如过着禁欲生活的牧师，不安情绪会比较少；有些人过着放荡的生活，充分满足了自己的情欲，却反而特别不安。

因为这些例子，弗洛伊德转换了自己的想法，认为是"不安诞生了压抑"。换句话说，当"本我"的冲动快要出现在意识层时，"自我"就会因受到威胁而感到不安。因此，想要压抑"本我"冲动的"自我无意识"的心理机制便开始发挥作用。被压抑的往往是性冲动或敌意等。

所以，所谓不安，恐怕也是因为"性冲动或敌意等出现在了意识层表面吧"。

# 二、扎根于自卑感的不安

## 1. 阿德勒的观点

不赞成"力比多理论"，与弗洛伊德观点背道而驰的阿尔弗雷德·阿德勒则创立了个体心理学，指出自卑感是人格形成的基础。所谓个体心理学，是不把人的心理与环境割裂开来，也不对人的各种局部官能进行拆分，而是强调把人作为一个整体去看待。

现在，我们常说的"自卑感"是指当和他人比较时，觉得自己不如他人的一种意识和情感。当然，自卑感包含这层意思，但阿德勒提出的自卑感则包含了更为根源性的内容。比如说，在绝对强大、无所不能的大人们面前，孩子就产生了自己无力、无能等自卑感的认知。因此，阿德勒的自卑感，与无力感、无能感几乎有着相同含义。

因为这种自卑感，孩子们想要变得像大人一样强大，变得无所不能，他们追求力量与优越的欲望强烈起来。然后，到 5 岁左右为止，贯穿他们一生的人格原型基本形成，之后便依照这一原型看待事物，制订目标，采取行动。

因此，阿德勒指出自卑感是人格形成的基础，是决定一个人生活风格的根源。换句话说，一个人的行为和人生，可以看作是满足自己追求力量与优越的欲望的一个过程。

## 2. 自卑感是成功的基础，但是……

对力量与优越的追求，和想要与他人产生共鸣、信赖他人、与他人合作、为他人做贡献的共同体感觉（社会意识）结合在一起，成为具有建设性的目标，使人采取具有适应性的行动。比如，对力量的追求，并不只是追求能够支配他人的权力，还包括想要克服自己的弱点、战胜自己的恐惧和不安，或者帮助他人时能够拿出勇气等，这些都是对力量的追求。

而对优越的追求，也不只是想要胜过他人，还会有想要把某事做得更好，把工作做得更完美，想要获得更高的评价，想要活得更高洁等目标。

因此，阿德勒认为自卑感才是刺激成长和努力的因素，是成功的基础。

但当人无法充分获得社会意识时，自卑感同时也成了一切心理和社会性问题的根源。

此时，对力量与优越的追求，让人变得开始轻蔑他人，只专注于满足自己的欲望，设定的目标不再具有建设性，采取的行动也不再具有适应性。这样的行为不只是暴露出来的竞争意识、暴力支配等，还有不少是被隐藏起来的扭曲的心理。

举个例子，一个懒惰的孩子看似缺乏追求优越的欲望，但实际上他是想通过懒惰去满足自己的优越欲求。因为一旦他认真去做了还做不好，就只能直面自己比别人差这一事实了。

但如果是懒惰怠慢的话，就可以说服自己说"是因为懒才做不到的"，父母和老师也会说"要是你努力去做，明明也能做好的"。通过这样的方式，便可以认为"其实自己是优秀的"。

抑郁症、厌食症、酒精依赖症等精神疾病，其实也是以一种扭曲的形式在满足追求力量与优越的欲望。可以说"因为我生病了，所以做不到是理所当然的"，借此不用再直面内心的自卑感。如果是疾病的话，周围的人也会格外地关心、照顾，从而满足了自己支配他人的欲望。

阿德勒指出，如果不能培养出充分的社会意识，那么特别是在人生的三大重要课题——人际关系、事业、爱与婚姻上就会出现明显的问题。

# 3. 任何人都无法摆脱焦虑与不安

那么，根据阿德勒的上述观点，可以说被迫意识到自己不如他人、出现无力感的状态便是不安。因为自卑感和无力感是任何人身上都会存在的，其结果就是任何人都不可能免于不安的状态。

"自卑感"一词，从德语的字义上解释，是较低的自我价值情感。我们有强烈的欲求，希望能够确切感受到自己身上的价值，当这种欲求受到威胁时，我们便感到不安。

不安情绪严重的人，有部分原因是没有培养出在面对困难时凭借自己的力量克服困难的自信和能力，同时，也没有形成足够的社会意识。社会意识的根源是对他人和外界的依赖，因为社会意识不足带来的孤立无援感使人陷入不安。

另外，不安有时还被用作满足自己追求优越和力量的欲望的工具。比如说，即使失败了，也可以归咎于情绪不安。并且，情绪不安的话，便可以理所应当地依赖他人。将自己的不安过度地表现给周围的人，其中就是这样的心理在作祟。

# 三、无法获得重要的人的认可而导致的焦虑与不安

## 1. 追求安全感行为

美国著名精神医学家哈里·斯塔克·沙利文（Harry Stack Sullivan），从婴儿期的母亲（养育者）、幼儿期的家人、儿童期的朋友、青年期心意相通的同性或异性的友人，到尊敬的大人物，着重分析了人在成长的各个阶段会面对的各类人际关系。

特别能够带来重大影响的是成长早期与父母（养育者）的关系。前面已经讲到，人类的行为可以分为追求安全感的行为与追求满足感的行为。而追求安全感的行为，对于刚刚出生连自己的生命都无法依靠自己的能力去维持的婴儿来说，更是至关重要的。

因此，婴幼儿时期为了获取父母的庇护，会无意识地去迎合父母。和父母一样地去看、去听、去感受、去索取、去行动。

如此一来，这些被父母认可的东西便逐渐形成为"自我"。相反，父母不认可的东西，会关系到失去父母的庇护，所以打从一开始就当它是不存在的一样，将它从意识中消除了。

像这样，人类的成长，可以说是从"承认还是否认"这一父母的心理延伸上开始的。前面已经讲过，精神分析学认为焦虑的

症状其实是"伪装真实的不安"，在第二章中我也讲到了关于解决焦虑心理的压抑、扭曲等心理机制。

根据沙利文的观点，我们为了逃避内心不可估量的焦虑不安，通过利用意识的限定化这一心理机制去处理焦虑情绪并生活着。所谓压抑、扭曲等精神状态，也不过是意识的限定化使用的手段。

## 2．被抛弃的焦虑与不安

对于毫无能力的婴幼儿来说，父母就是他们的保险索。被父母抛弃就仿佛坠入地狱一般。这种恐惧和希望得救的感觉，在婴幼儿尚未成熟的大脑中刻下了深刻的印象。因此，他们十分顽固地去迎合父母，一旦产生父母不认可的感觉、想象、欲求或行动等，便觉得会失去父母的庇护，进而唤起内心强烈的不安。

这种心理机制，还会继续延伸到我们认为很重要的其他人身上。比如朋友没有回复自己的邮件，会担心"自己是不是被讨厌了"；领导稍稍批评了一下自己，心绪就会大乱；甚至有人担心恋人会离开，而极尽所能地不惜完全牺牲自己。

综上，沙利文认为，正是担心包含养育者在内的重要之人会抛弃自己的这种不安，才促进了人的心理发展，使人的行为具有统一性。但与此同时，这种不安也限制了我们的精神生活。因此，不畏惧正视自己内心深处的不安并与之对峙，这种心理才有可能丰富我们的精神生活，扩大自我。

# 四、可怕的世界里孤身一人的焦虑与不安

## 1. 为什么会感受到敌意

美国心理学家和精神病学家卡伦·霍尼（Karen Horney），也以焦虑为中心，构筑起了自己的神经症理论。她格外重视神经质背后存在的基本焦虑。所谓基本焦虑，是指"面对外界对自己的虐待、欺骗、袭击、羞辱、背叛、嫉妒，感到自己孤身一人，无能为力，被抛弃、被暴露在危险中的感情"。

基本焦虑主要是由与父母的关系障碍所导致的。换句话说，如果不能够进行恰当的养育，尚且软弱无力的孩子便会认为这个世界是可怕的。对于这样的孩子来说，人也是可怕的，因而开始怀有对他人的敌意。

但是，不依赖他人又难以生存，于是不得不压抑内心的敌意。这些被压抑的敌意外显出来，便是感觉到他人都对自己充满了敌意。如此一来，世界变得更加可怕，自己对外界的敌意也愈发强烈。霍尼认为，一边充满敌意，一边寻求依存，所以压抑内心的敌意，正是这种心理造成了人的基本焦虑。

所以霍尼认为，孩子对父母抱有敌意本身不是问题，这份敌意无法向父母发泄，压抑内心的敌意才是问题所在。无法向父母发泄敌意，换句话说，无法反抗父母这件事，是因为没有对父母产生绝对的信赖感。因为只有确信，无论自己如何反抗父母，都绝不会遭到父母的抛弃，孩子才敢去反抗。

常有人说，在处于青春期且由于家庭暴力等原因造成心理问题的孩子身上，看不到逆反期。这是因为孩子没有形成能够叛逆反抗的"自我"，同时也是因为没有形成对父母的绝对依赖。

## 2. 当保护自己的行为无法通用时

那么，为了摆脱这种基本焦虑，在有意识或无意识中，以下"自我"防御机制会开始发生作用。

| 追求情爱 | 认为被爱着就是安全的，一旦发生意外时对方会保护自己的心理机制 |
|---|---|
| 服从 | 认为按照对方说的去做就是安全的，只要不反抗就不会有危险的心理机制 |
| 试图获得力量 | 认为强大了就是安全的，只要自己有力量，对方就不会攻击自己的心理机制 |
| 隐藏自己 | 认为只要不显眼就是安全的，只要避免与人接触就可以保证安全的心理机制 |

这些心理防御机制从孩子幼年时期开始便被反复使用，逐渐成为孩子的性格固定下来，也成了他的行为模式。但有时也会出

现一种预感，那就是这些行为模式并不能很好地应对各种事情，这样的预感便诞生出了焦虑。比如，一位主要通过追求情爱的防御机制来获取安全感的女性，在进入公司后会通过行动获取领导和前辈的喜爱。但比起这种讨好，公司更希望看到她的工作能力。此时，她便会感到"追求情爱"的行为模式行不通，自己的存在受到威胁，于是产生焦虑。

又比如通过"隐藏自己"来获得安全感的人，在学校从不会发言，并以此来保护自己。但当按顺序被指名发言时，这种行为模式就不适用了，于是就产生了焦虑情绪。

# 五、被"不能这样做"束缚的焦虑与不安

## 1. 自己内心的三重人格

由美国心理学家艾瑞克·伯恩（Eric Berne）创立的交往分析理论（Transactional Analysis，简称TA，或称交流分析、沟通分析），将其认为是精神分析学的延伸稍有不当，但它在某些侧面确实可以看作是精神分析学的简略版，所以将其放到这里进行阐述。

在精神分析学中，人的内心由"本我""自我""超我"构成，但在交往分析学中，认为人的内心由 P（父辈"自我"）、A（成年"自我"）和 C（儿童"自我"）构成。所谓 P（父辈"自我"），是指从父辈那里继承而来的"自我"，通常分为"批判性父辈"与"养育性父辈"；A（成年"自我"）是指代表着合理性、冷静等特点的成年人"自我"；而 C（儿童"自我"）是指从孩童时期存留下来的"自我"，通常有"自由儿童"与"适应性儿童"。

这几种"自我"在个体中所占的比重因人而异，正是这种差异形成了每个人的性格。比如，"自由儿童"的"自我"占据优势，性格便是天真烂漫、脾气无常，"适应性儿童"的"自我"占据优势，性格便是擅于压抑自然欲求与情感，努力迎合周围环境。

## 2．正面积极的推动因素十分重要

交往分析理论中包含着一些易懂的、值得我们去注意的观点。其中就有接触（stroke）这一概念。所谓接触，即指他人给予自己的全部推动因素。婴儿一无所知地诞生于世，连自己是谁都不知道，但在成长的过程中，数万次乃至数十万次地通过这种接触，逐渐形成了"自我"。

在"自我"的形成上，接触又分为良好的正面接触和不好的负面接触。所谓正面接触，是指被关注、被给予微笑、被拥抱、被抚摸脑袋、被表扬等具有接纳性的推动因素。而负面接触则是被轻视、被无视、被当成傻子、被殴打等带着拒绝意味的推动因素。

正面接触让原本觉得自己无能、什么也给不了父母的孩子觉得自己被接纳了，也因此让孩子切实感受到了自己存在的价值。被给予了充分正面接触的孩子，以这种切实感受为基础，茁壮培养起了自身各方面的潜能。与此相对，负面接触则意味着自己没有被接纳，这样的孩子从幼儿时期开始，便怀疑自我存在的价值。

正面接触不仅有助于孩子心灵的成长，更有调查表明，正面接触对孩子的身体成长也有着重要影响。

比如，第二次世界大战后，日本很多失去父母的幼儿被收养到福利院、孤儿院等机构，这些孩子的身心成长明显缓慢，这种现象被命名为"设施病（长期收容于孤儿院等机构造成的幼儿发育缓慢）"，其原因被认为是保育设施无法给予孩子如母亲般细致入微的正面接触。

因此，照顾孩子的人改善了与孩子的接触方式，尽可能地与孩子多说话，多抱抱孩子。如此一来，孩子的身高和体重迅速增加，心理层面也明显成长起来。

每个孩子受到正面接触的程度各不相同。在父母深切的爱中出生的孩子，举手投足都受到父母的无比关注，听到的都是父母喜悦的声音，受到的是几乎快要溢出的正面接触。

外表看起来可爱的孩子，也更容易受到更多的正面接触。走在路上，总能收到陌生人投来的微笑；坐电车时，旁边的人会凑过来说话，有时还会被人抱起，被人称赞也是常有的事情。在孩子的心智尚未充分形成时，这样的差别对待就已经反复出现过无数次。不难想象，这样的接触日积月累，给孩子的心理造成了多大的影响。

当今社会，谈及这类容貌上的歧视（差别对待）已然成为禁忌，但不可否认，残酷的现实就是如此。

教师、保育员等与孩子相关的专业人员，被要求平等对待每一个孩子，但无论怎样专业的人士要做到这一点都是很困难的。比如下面的皮格马利翁效应（译注：Pygmalion Effect，又称罗森塔尔效应）。

有心理学研究者在一所学校进行了一次"能够预测未来智力发展"的全新测验，然后把在测验中预测出未来智力能够得到发展的学生名字告诉教师。但实际上，这并不是什么新型实验，被上报名字的学生只不过是随机选出的。但是，这批被上报名字的学生，在后来确实比其他学生在智商上有了明显的提高。

有研究试图查明这批孩子智力提高的原因，结果发现，教师接触这批被上报姓名的孩子的方式，与接触其他孩子的方式有明显的差别。比如，提问后等待孩子回答出正确答案的时间更长、给的提示更多，对于孩子不确切的回答更偏向于善意地去解读，笑脸相对的次数也更多等。

这些被上报了名字的孩子，因为教师的对待方式的差异，智力得到了明显的提升。但教师们本人却从未意识到自己的行为中有过这些差异。


# 3．想要获得关注

未曾被给予太多的正面接触，反倒受到很多负面接触，这样的孩子通常会感到无法接纳原本的自己，甚至无法切实感受到自己存在的价值。

得到父母的认可，通常是在做了让父母开心的事情，获得了某种奖项，或是在比赛中获胜的时候。因此，孩子通过比别人优秀、赢得比赛等事情才第一次感受到自己的价值。

对于这样的孩子来说，拼尽全力地学习、运动，或者学习某种特长，并不是因为这件事情本身令人快乐，也不是因为自己变得擅长做某事而开心，而仅仅是为了获得他人的好评。如此一来，无论做什么，都无法获得真正意义上的自我满足感。另外，因为感受不到自己的存在这件事本身的价值，所以将失败与丧失自我价值直接联系起来。因此，在任何事情上都过分地害怕失败。

完全不被接触的状态也是十分危险的。没有人与自己接触，也就等同于自己的存在本身遭到了否认。

曾有一则研究报告过这样一个事例。有一对很相爱的夫妇，即使是孩子在身边时，他们也沉浸在仿佛只有他们二人的世界里。结果，他们的孩子一直用自己的手戳自己的身体，沉溺于这种自我刺激的行为中，似乎在用自己手的触感去确认自己的存在。

因此，对于孩子来说，比起因为酗酒经常殴打孩子的父亲，对孩子漠不关心、放任不管的父亲对孩子的心理成长更为不利。孩子会感受到，殴打自己的父亲，至少是承认了自己的存在的。

与此相对，对自己漠不关心、放任不管的父亲，连被承认这一点都无法从父亲身上感受到。因此，有些在外人看来很糟糕的家庭，孩子意外地成长得踏实可靠，而外部看似安稳、没有任何问题的家庭反而培养出了具有心理问题的孩子。

像这样，完全不给予孩子接触的状态是危险的，同时也是痛苦的。因此，孩子开始进行一些鲁莽的尝试，哪怕是负面的接触也好。在获得负面接触的时候，至少父母是在关注着自己的，自己也能真切地感受到自己的存在。

明明知道会被母亲责骂，还要故意做坏事的孩子；总是欺负其他同学被老师训斥的孩子；即使被全班同学当成傻瓜，也要在教室里说一些无聊笑话的学生；经常因为盗窃而被抓住的小偷……从这些行为中，便能读出这种想要获得关注的心理机制。

## 4. 胜者心理与败者心理

受到正面接触与负面接触方式的不同，会形成各自特有的心理。正面接触会养成胜者心理，负面接触会养成败者心理。可怕的是，胜者心理和败者心理最晚在人的 8 岁前就已经确定了。

这里所讲的胜者、败者，和我们社会生活中常用的含义有所不同。社会上常通过外在的东西区分胜者与败者。有钱、有名、有地位的人常被称作胜者，而贫穷、无业、离婚的人等会被称作败者。与此相对，在交往分析学中，是通过人的心理状态去区分胜者与败者的。因此，即使是很有名，掌握着权力，却并非胜者的人不在少数。

其实，被充分给予了正面接触的人，会获得一些基本的真切的感受，他们会感到自己被这个世界所接受，会感到自己的存在是受到大家欢迎的，也因此感到自己原本的样子是有价值的，真实的自己不会遭到拒绝。这种真切的实感，我们用"I am OK（我行的）"这一标语来表示。然后，以这种实感为基础，形成了如下胜者特有的心理。

- 不掩饰真实的自己，举止自然

- 不根据职业、成绩等评价他人，无差别地对待他人

- 相信自己的感觉，自主思考，用自己的语言去表达
- 对自己的生活方式负责
- 总是努力充实地过好与未来息息相关的"当下与眼前"
- 会顾及身边细微的小事，但不做不必要的客套

因为胜者确信自己的存在是受到欢迎的，所以也能感到自己存在于这里无疑是一件好事情，甚至能通过一种超越好与坏价值观的、更根本的形式去肯定自己的存在。因此，胜者无论何时，都能以真实的自己而存在。

败者的心理则与胜者的心理相对。所谓败者，是指只接收过极少正面接触，更多的是被给予负面接触，或者完全没有被给予接触，一直以来被无视的人们。人们在这样的状态下，会产生一种无意识的感觉，觉得自己的存在不被这个世间所接受，自己的存在是不受欢迎的，因此也认为自己没有价值。这种感觉，我们用"I am not OK（我不行）"这一标语来表示。以这种实感为基础，则形成以下败者的心理。

- 害怕被拒绝，不敢表现出真实的自己
- 与人接触时生硬、笨拙，尽量避免与人接触
- 比起超越他人，更重视保住自己
- 为了将来，会牺牲现在，或躲避在过去中
- 会不由自主地看一个人的职业、出身、大学的好坏等

- 无法信赖自己的感觉、自己的思考，以及自己的判断
- 总是在担心他人怎样评价自己

我们在成长的过程中，都会受到正面接触与负面接触。因此，实际上我们或多或少都具有胜者和败者两方面的心理，只是有的人是胜者心理占据优势，有的人是败者心理占据优势。

# 5.人们都活在自己书写的剧本中

这种胜者与败者的心理，会贯穿人的一生，在无意识中支配着每一个人。换句话说，胜者会以胜者的心理特性为基础，撰写自己的人生剧本，而败者会以败者的心理特性为基础撰写自己的人生剧本。然后在日常生活这一"舞台"上，在无意识中日复一日地按照剧本的走向去行动，结果人生就真的实现了这个剧本。

胜者的人生剧本是乐天且率直的。既没有不必要的忧虑，也没有纠结的固执。自由地去挑战，提升自己的能力，失败了也能够卷土重来，也从不将自己的价值与他人的优点相提并论。因此，在恋爱中，也能够坦率地认可对方人性的闪光点，进而被吸引。这样的人通常在接纳自己的同时，努力提升自己的价值，谱写光明且积极的人生。

相反，败者的人生剧本却总是曲折的。他们耽于交往分析学中一种叫作"游戏"的行为模式中，亲手葬送自己的幸福。所谓"游

戏"是指从外部看起来即使并不是这样，而实际上为了扮演自己给自己分配的角色而采取的行动。在"游戏"中出场人物过多的情况下，如果有"加害者、受害者、救助者"，他们往往倾向于扮演受害者与救助者。因为这是一个比较难以理解的概念，我来举例说明一下。

女生 A 在一场联谊会上，被安排坐在特别优秀的男生 B 的旁边。两人的老家离得很近，以此为契机两人的谈话也热络了起来。联谊会结束时，两人交换了邮箱地址然后分别了。

第二天，A 和同样参加了联谊会的朋友 C 聊起了 B，C 反复说着："B 真的太优秀了！" A 的内心虽然也被 B 强烈吸引着，却总觉得将其宣之于口会显得自己卑微，于是不由自主地表现出一副不感兴趣的样子说道："是吗？不觉得他有些太轻浮花哨了吗？"于是，C 就会认为"原来 A 对 B 没有兴趣啊"。

所以，C 开始拜托 A："那，你把 B 介绍给我嘛。"在这样的情节发展中，A 失去了说出自己真实想法的机会，也迫不得已将 C 介绍给了 B。那 B 当然也会认为，A 都把 C 介绍给了自己，一定是没有和自己交往的想法。

如此一来，B 和 C 开始交往。每次一有机会，C 也会带着感谢的意味，向 A 汇报她和 B 的各种事情。

A 嘴上应和着"啊，那真好呀"，背地里却将两人恨得要死："这两个人也太过分了吧！这样玩弄我的真心。"

在这个例子中，A 最初扮演了 C 的救助者这一角色，最终又扮演了受害者的角色。然后给B、C二人强行扣上了加害者的帽子。

有些女性在选择男性伴侣时，会让朋友觉得"你这么优秀的人，怎么会和如此无聊的一个人在一起？真搞不懂"，即使朋友提出忠告"你和那人断了吧"，她们还是会用"他既有温柔的地方，又很在乎我，需要我"等各种理由说服自己保持交往。最后被弄得身心俱疲，不欢而散。朋友们都希望下一次她可一定要找一个适合她的人交往，结果下一次她还是选了一个同样不值得信赖的男人。

这种人，都是在人生剧本中，常把自己作为受害者，给自己分配一个配角的人。给自己分配受害者角色的人，即使是阴差阳错地和一个能够给自己幸福的异性结婚了，也会把善良的对方"培养"成加害者，以实现自己被害者的角色。

幸福美满的日常总让她们觉得有些不相配。没有一些不幸的遭遇，心里反而难以安定下来。为什么会这样，因为直到成人，她们都是在某些不幸的伴随下一路走来的。因此，她们会在无意识中，捏造出一些不幸来。

比如有一位妻子，不知为何心情不好，早上没有起床，于是丈夫自己做了早饭，吃过早饭后要去上班。出门前丈夫还温柔地安慰妻子，妻子窝在被子里跟丈夫道歉"今天没起床给你做早饭，对不起"。同样的状况持续了几天，终于有一天丈夫也睡过了头，急匆匆地赶去上班，忘了和妻子说几句话。此时，妻子便会想"我还是个病人，都不安慰我几句就去上班"。这样的状态再持续下去，丈夫也渐渐有些不耐烦，忍不住生起气来。

但如果即使是这样的状态，丈夫仍能体贴地安慰妻子的话，妻子心里反而越发不安。于是，她会这样说："你的体贴也就体现在几句话上对吧？我都这么难受了，你还是可以跟个没事儿人一样去上班呢。"

终于，丈夫的怒气爆发了，而这正是妻子一直在等待的。因为只有这样，她才能够悲叹："啊，我果然还是不幸的。丈夫就只有外表看起来温柔体贴，我的不幸是谁都无法体会的。"面对这样的妻子，丈夫也逐渐闭上了心门，妻子终究让这种不幸的状态成了现实。

我们每个人或多或少都带着些败者的心理。不妨试着回顾一下，我们总是给自己分配什么样的角色，又是按照什么样的人生剧本过着每一天。这样的回顾和反思对于我们过上更加丰富多彩的人生大有益处。

# 6．"不能这样做"带来的焦虑与不安

当我们预测到即将面临负面接触或即将失去正面接触时会产生不安。这其中具有代表性的场合，便是采取违反禁令的行为时。这里的禁令，指的是在成长过程中，主要从与父母的接触中形成的深刻印在脑海中的"不能做某事"的坚定认知。

例如，假设孩子成长在父母过度干涉，做任何事情前都需要得到父母许可的环境下，在孩子心中就会形成一个"不能擅自行动"的禁令。有了这个禁令，受到指示的事情就能安心去做，而让他自主地去做某事，则会让他陷入不安。或者，即使是在自主行动过后，也会担心"这样做真的可以吗？"

过分禁欲的父母，或常给孩子泼冷水的父母，会在孩子心中埋下一道"不能够高兴"的禁令。被这道禁令束缚的人，即使在游玩中也时时刻刻怀抱不安，在悠闲休息时，又会不由得担心这样是否得体。

如果是一个在成长中总是不被尊重、被轻视的孩子，那么在他心里可能就会形成一道"不能成为重要人物"的禁令。有了这道禁令，在受到大家的注目或肩负某些责任时便会陷入不安。

如果是被父母给予了极大期待而长大的人，则可能会被囚禁于一道叫作"不能和大家一样"的禁令。当有了这道禁令，在进入某个团体，或自己的优秀形象可能崩塌时，便会产生不安。

如果是被父母期待，无论多大都要保持天真纯洁的孩子，则会被束缚于"不能长大"的禁令。于是，在发生吸烟或饮酒、女性化妆、性行为、恋爱等成年人的行为时，会感到不安。甚至有人因为这道禁令，不管年龄多大都无法自立。

还有一些孩子的养育环境，总是让他们感受到"自己是妨碍父母的存在""自己是无法回应父母期待的废物"等，这样的环境便会在他们心中埋下"不能够存在"的禁令。因为这道禁令，他们生活的每一天都充满了不安和罪恶感，活着这件事情已然成了他们的重负。其结果就是走上依赖药物、厌食症、自残甚至自杀等自暴自弃的人生之路。

第四章

Why
we
are
anxious

**为什么会成为
易焦虑体质?**

身体里
存在
易焦虑体质
基因吗

父母在
社会教养中有
哪些影响

社会经验
会导致
什么样的
焦虑

# 一、易焦虑体质的天生特质

## 1. 易焦虑体质的婴儿

20世纪六七十年代，我还是一名学生，那时的人们一般认为性格是由环境养成的。但在那个时代，美国发展心理学家杰罗姆·凯根（Jerome Kagan）就已经发现，遗传基因对性格形成有着重大的影响。比如，在出生4个月后被判定是胆小性格的婴儿，大多数到1~2岁后也同样胆小。凯根从这一现象得出结论：一个人胆小、内向的性格基本上是由遗传基因所决定的。

近些年来，美国心理学家伊莱恩·阿伦（Elaine N.Aron）对人的敏感性进行了研究，发现15%~20%的孩子拥有着与生俱来的过度敏感特质。这样一些过度敏感的婴儿，会因为一点点味道的不同或室温的变化就吵闹磨人，被较大声响或刺眼的光线吓到则会号啕大哭，讨厌触感摸起来比较扎的衣服。这样的孩子即便长大以后还是同样敏感，心灵容易受伤害，一般具有以下特质：

• 考虑问题总是很深刻，试图彻底解决问题

对公平、平等这些抽象的概念也十分敏感，因为要考虑很多，所以需要花费大量时间才能付诸行动，同时也很难做出

决断。并且，也很容易把问题看得很深刻、严重。

- 对刺激的感受度过剩

因为敏感，所以精神负荷大，容易身心俱疲，原本应是一种快乐体验的旅游、活动等也成为一种压力。惧怕参加集体活动、在人前发言等刺激性强的场面。

- 情感反应强烈，共情能力强

因为敏感，所以内心更容易被动摇，容易被唤起强烈的情感。

- 能够洞察细微的刺激

例如，会敏感地获取对话中微妙语感、声调、眼神等中的信息，因此也会产生过度解读对方心理，而产生焦虑的情况。


可以说，这些特征中的大部分，都与易焦虑体质者的特性所重合。


# 2. 存在易焦虑体质的遗传基因吗?


随着脑生理科学的发展，与易焦虑体质相关的各种生理性特征也明朗起来。比如，在人脑中负责控制人情绪的脑扁桃体越活跃，那么这个人便越焦虑。另外，大脑中各种神经递质（译注：神经传递物质）会引起各种各样的情绪，这其中与焦虑息息相关的便是血清素。

这里顺带提一句，所谓抑郁症就是大脑内血清素缺乏的状态，治疗抑郁症的代表性药物 SSRI（选择性血清素再摄取抑制剂）便是通过确保脑内血清素的一定浓度而起到作用。

根据解析人类全部染色体组遗传信息的人类基因组计划等，与人性格相关的基因也逐渐清晰。易焦虑体质的遗传基因，目前认为第十七条染色体中有与血清素传递相关的基因。这其中又有 S 型与 L 型，我们每个人都带有其中组合之一。

含有 S 型的人容易陷入焦虑，SS 型的人焦虑程度更高。据说，日本人中含有 S 型基因的比例要绝对高于非洲人和欧美人，这也说明了日本人从遗传基因上看就是容易产生焦虑的。

## 3．遗传并不能决定命运

如上文所述，虽然有让人容易陷入焦虑心理的遗传因素，但并不是这些遗传因素就会成为现实。真正决定一个人现实中性格的还是成长环境。

比如，凯根曾追踪调查那些在幼儿期接受过调研的孩子，结果显示，出生后第 21 个月时性格内向的孩子中，有 1/3 在 4 年后变得不再内向。继续调查这些性格不再内向的孩子，结果发现这种改变的原因特别是与父母和孩子的接触方式有关。这些父母都善于引导孩子一点一点地去适应外界。

并且，等到这群孩子 20 多岁时再对他们进行调查，发现性格依旧内向的只有 1/3 了。也就是说，在幼儿时期内向的孩子，有 2/3 成长为外向的青年。有意思的是，对他们的大脑进行功能性磁共振成像调查，发现他们的脑扁桃体依然保留着过度敏感反应的倾向。

换句话说，这也证明了即使在生理上有内向因素，但通过改变和提升自己的思考方式、事情的处理方法，是能够克服生理上的内向的。

# 二、父母在社会教养方面的影响

## 1. 社会教养的表面含义与内在含义

孩子的内心，除了遗传基因影响以外，父母也会给予极大的影响，特别是母亲。为何这样说？因为孩子遗传基因的一半来源于母亲，在胎儿期，母亲的子宫就是孩子的全部发育环境。并且，在孩子出生后的一段时间里，占据孩子主要成长环境的也是母亲。因此，关于易焦虑体质的形成，也必定会涉及父母与孩子——特别是母亲与孩子——的深层心理分析。

虽然说事实证明母亲对孩子的影响更大，但这并不意味着母亲承担的责任就更大。当孩子有一个妨碍自己自立的母亲时，让母亲不得不这样做的父亲身上也有责任，把母亲放到这个位置上的家庭、社会也有责任。

父母对孩子性格形成的影响，是通过在日复一日与孩子的接触方式中实现的。特别是社会教养这一方面给予了极大的影响。所谓社会教养，既有育儿类教科书中提到的表面含义，也有教科书中不曾涉及的被隐藏的含义。

所谓社会教养的表面含义，用专业用语来说即社会化。具体来说，就是教会孩子在社会生活中必须知道的规则，让孩子知晓社会的价值规范，使孩子具备生活必要的基本技能。我们生活在这个社会，在要做出某种行为时常常存在很多种可能性。因此，如果不具备一个基本行为准则的话，就不知道究竟采取何种行为才是好的，也因此陷入进退维谷的窘境。另外，为了适应这个社会，能够让自己生存下去，习得一定的技能也是不可或缺的。所以，社会教养必须要认真对待。

但本应是为了孩子成长而存在的社会教养，却因为父母有意识或无意识的欲望占了上风，而产生了一些不愿被看到的功能。这就是社会教养背后隐藏的含义。接下来，将会给大家阐明这些社会教养的隐藏含义。

# 2. 扭曲原本的感受

社会教养也教给孩子一种框架，告诉孩子该如何去理解这个混沌、复杂的社会。比如说，婴儿虽然会在生理上有各种各样的感受，但最初他自己并不知道各种感受分别代表了什么含义。特别小的孩子在遇到不愉快的事情哭闹时，连他自己都不太清楚，到底是因为困了而不愉快，还是因为饿了而不愉快。父母看到孩子哭闹的样子，对孩子说"宝宝困了呀""宝宝饿了呀"等，才定义了这种不愉快的含义。长此以往，幼儿便开始理解这种感觉是困倦了，那种感觉是饿了等。困倦了、疲惫了、热了、轻松了、想吐、意识有些模糊等，都是这样而来的。

但有时父母是会误判孩子行为缘由的。比如孩子明明是因为身上痒而哭闹，父母却误以为孩子是肚子饿了，或是想睡觉了。

有的父母能很敏锐地察觉孩子的状态，但有的父母却很迟钝。迟钝的父母，有些是对孩子漠不关心，有些是原本就不欢迎这个孩子的诞生，有些是关心孩子但自身性格缺乏敏感度。这样的父母，便无法教会孩子各种身体感受的确切含义。

有时，因为父母的缘故，扭曲了孩子身体感受的情况也并不少见。

例如，单纯的走路，对于幼儿来说已经是极大的运动量，因此，只是走两步路都会特别热。但是，因为觉得孩子着凉感冒了会很麻烦，所以即便孩子喊着"不冷"，父母也会跟孩子说"怎么会，肯定会冷"，然后多此一举地给孩子加很多衣服。此时，孩子实际身体感受到的"不冷"，便被父母的"冷"这一感觉扭曲了。

还有，明明是连父母自己都觉得不好吃的青菜等，为了让孩子多吃也会说"这个好吃，好吃的呀"，而对那些孩子真的觉得好吃的东西，却因为有食品添加剂，不愿让孩子吃，反倒会说"这种东西，太难吃了吧"。

还有更夸张的情况，就是给孩子灌输一个完全错误的概念。有这样一个事例，父母让孩子深信"便秘"是因为"与父母的意见不合"这一谬论。一旦孩子反抗或与父母意见不一致时，这对父母就会说"你又便秘了"，然后给孩子灌肠。结果，孩子内心就形成了这种奇怪的观念。

我曾经教过的一名女学生说，直到小学二年级，她都无法清晰分辨"焦躁"和"饥饿"这两种感觉。因为她的脾气很大，所以每当她快要生气时，父母就会跟她说："哎呀，哎呀，肚子又饿了吧？"然后通过喂她吃一些她喜爱的食物，来平息她的焦躁。

为身体感觉赋予负面意义的情况也不罕见，其中最常见的例子就是关于"性"和"排泄"这两种身体感觉。幼儿是不会觉得小便、大便是脏东西的，在幼儿小便时，他会一边小便一边用手去触碰，觉得尿液暖暖的，让人很舒服。而大便则像柔软的黏土，甚至有时会拿了放进嘴里。但是，立马会被父母厉声呵斥："不要碰！脏！"幼儿很早就会发现抚摸性器官是一件很舒服的事情，父母知道了很是张皇失措，会禁止孩子做这样的事儿，说"做这种事的孩子都是坏孩子"。如此一来，关于排泄的身体器官和性快感的身体感受便被赋予了负面意义。

为了接受这些与自己身体感受不相符的、父母赋予的意义，孩子只能否定自己的身体感受。并且，被赋予了负面意义的身体感受会带来不安，因此在无意识中，孩子会刻意使自己的身体感受变得迟钝。于是，也会导致孩子整体的身体感受变得淡薄。

太宰治曾在《人间失格》中讲到，身体感受变淡薄的自己，都不知道饥饿是什么感觉。这并不是说他成长于富裕、不为衣食住行困扰的家庭，不是这种简单的意思，而是自己完全体会不到"饥饿"到底是一种什么样的感受。这样说可能有些奇怪，但就是即使饿了，自己也意识不到自己饿了这样一回事儿。不管上小学还是上中学，每当自己从学校回到家时，周围的人就会跑过来说："哎呀，上了一天课，一定饿了吧？"我们那时候也是，记得从学校回到家的时候肚子都饿瘪了，"那吃点甜豆吧？还有小蛋糕和面包哟……"场面十分热闹。于是，他发挥自己天生的拍马屁精神，嘴上嘟囔着"是呀，肚子好饿呀"，抓一把甜豆就塞进嘴里，但实际上，什么是饥饿感，真的是一点儿都不知道。

孩子这种拼命迎合父母的心理，也会延伸到对待所有大人身上。因为不这样做的话，就觉得会对自己造成不利，或陷入不安。于是，孩子开始否定自己真实的感知，完全把大人说的话当作真实情况。下面这个古典实验就例证了这个现象。[西奥多·米德·纽科姆（Theodore Mead Newcomb）著，《社会心理学》]

有一位学校校长给小学生们展示了一根长5英寸的线，然后让学生们把这根线画在纸上。接着，校长先生说着"下面这一根，要比刚才那一根更长哟"，然后拿出了一根明显短于刚才那根的线。结果在86名小学生中，只有一位学生把第二根画得比第一根短。

另外，还有研究者曾对一群孩子说："我是一位著名的速球派投球手，我投出去的球快到肉眼都看不见。"接着做了一个投球的动作。然而实际上，他并没有投出去球，结果165名孩子中却有半数回答"看到球飞了出去消失不见了"。

还有一个实验是在孩子身边洒上无色无味的纯净水，说这是一种会散发特殊臭味的液体。结果，有73%的孩子回答"确实闻到了臭味"。同样，把拧紧发条的玩具骆驼放在孩子们面前，并对孩子们说："因为只会微微地动一点点，大家一定要仔细看哟。"结果，尽管骆驼实际上并没有动，却有 76% 的孩子说"看到骆驼动了"。

# 3. 压抑本来的感情

所谓社会教养，其实也在强制孩子否定自己愉悦、快乐等活生生的情感。

在一面雪白的墙上用蜡笔涂鸦；在泥地里打滚；用玩具里的小刀割庭院里的草木；把院子里好看的花摘来当首饰；用剪刀把窗帘剪掉裹在身上等，这些对于孩子来说都是莫大的快乐。然而这些行为会招来父母极度严厉的斥责，孩子们的情感也因此被父母残酷地扼杀了。

社会教养就是像这样要求孩子，不能根据自己的情感去决定自己的行为，而是要根据父母怎么想去做决定，要求孩子把接受父母的情感优先于自己的情感。为了不反抗地做到这一点，孩子们只有将自己率真的情感完全扑灭。

就像儿童心理学家爱丽丝·米勒曾指出的，许多父母在教育孩子时，经常会不容许孩子抱有他们理所当然会产生的情感。比如有位母亲，在年幼的女儿上厕所时不允许她关门。这在伤害孩子羞耻心的同时，也践踏了这个孩子的自尊心。

有的母亲，在看到自己两个年幼的孩子特别开心地奔跑嬉闹时（或许是担心自己掌控不了这两个孩子？）会斥责孩子："你们两个无法无天了是吧？"有的母亲，在亲子游戏咨询时，看到自己家孩子和同龄人玩得高兴起来，会责骂孩子："不要自己随便跑出去玩儿。"有的父亲，也会因为一些误解诘问孩子，而当孩子无法很好地解释，忍不住哭起来时，会呵斥孩子："不许哭！给我说清楚！"不允许孩子把想哭的情感表达出来。

在学校也是一样。有位小学教师曾做过一项报告，汇报自己在体育课时，如何下功夫让孩子在把球从球筐里拿到操场时保持安静有序。我们都知道，当孩子拿到球时想要拍球、踢球、扔球、接球的心情，都是孩子理所当然的天性。

当孩子想要表达正当的理由时，有些老师也会训斥："不要狡辩！"对教师不当的言语感到生气进而反抗的孩子，反而遭到了更严苛的训斥，有过这样体验的孩子不在少数。

更可怕的是，有的孩子甚至被强迫接受与自己真实情况完全相反的情感。在受到斥责、感觉自我受到践踏时，向父母投去不甘心的眼光，结果常常是"你那是什么眼神！？我教训你还不是为了你考虑！你应该感谢我，你知道吗！"在强迫孩子做他觉得无聊的事情时，会教训孩子："这么不高兴的话就别做了（实际上只有做这件事这一种选择）！要做的话就给我高高兴兴地做！"

正因为对方是孩子，父母和老师们才借着教育的名头，去做那些他们绝对不敢对其他成年人做的事情。

这里一定要注意的是，强制压抑感情，并不一定只是因为强迫性的管教。有时，仿佛被包裹在棉花里的温柔的管教，也会成为强制孩子压抑感情的原因。

比如，在教会孩子"温柔"这件事情上。两个年幼的小孩在一起玩耍，这时候另一个孩子过来了，母亲说"让他和你们一起玩儿"，可两个孩子曾经和这个新来的孩子闹过不愉快，于是回答"不要！"。但这个时候，母亲会责备孩子："要对朋友温柔点！一定要和大家一起开心地玩耍！"母亲这种善意的管教，给两个孩子内心这种厌恶他人的情感贴上了不正当的价值标签，要求孩子无条件地压抑这种厌恶的情感。

教育孩子"不能给其他人添麻烦"，其实也是在强制孩子扼杀掉自己的欲望。因为恶作剧开开玩笑、撒娇、讨要东西、想要做什么事情等，都是会给他人添麻烦的事情。

不仅如此，这样的管教还可能导致孩子彻底否定自己的存在这件事。为何这样说？因为孩子是一边依赖他人，换句话说即一边给人添着麻烦，一边才能活下去的存在。

培养孩子的"同理心（共情力）"也是如此。它要求孩子在为人处世时，比起自己的真实情感，要更加注意去迎合他人的心意。随时随地都能做到这一点原本就是不可能的，缺乏变通性的孩子，一旦做不到这一点，只能认为是自己不行。

要求孩子"老实顺从""不任性""不固执"，其实就是要求孩子丢掉自我，对父母言听计从，让孩子扔掉"愤怒""憎恶"

等这些他们自己一直在压抑的人类与生俱来的情感。

过于严苛的教育，会通过让孩子抱有过度的罪恶感，迫使孩子陷入无止境的自责中。孩子不会觉得被这样要求是不对的，只会陷入之所以做不到父母要求的"是因为自己不行"的想法中。

经常说"抱歉""对不起"的孩子的表现中，就包含着这种自责感。

所以说，社会教养也是强制孩子去压抑自己生而为人很自然的情感。但是，将自然情感彻底地从意识中除尽是不可能的。因此，感受力敏锐的人会意识到自己内心存在应该被压抑的情感，但这种情感是不被父母容忍的，所以孩子不断地被这种不安和罪恶感烦扰。

## 4. 焦虑是这样形成的

社会教养还会直接地强化孩子们的焦虑。因为一些父母为了管教孩子，试图利用并强化孩子的不安。

- 吃这么多冰激凌，肚子会疼哟

- 不刷牙的话，就会长蛀牙哟

- 不快点穿衣服的话，就会感冒，感冒就要带你去打针

- 一天到晚只吃甜食，肯定会发胖

- 不吃蔬菜的话，就会生病哟

- 现在不好好学习，将来一定后悔
- 做了那样的事，是一定会遭到惩罚的
- 这世上没有天上掉馅饼的事儿，迟早是要遭报应的

孩了不焦虑害怕的话，似乎管教就难以成功。这时候，父母就会让孩子实际体验一把恐惧和痛苦。

- 关进黑屋子
- 做出要把孩子从窗户扔出去的动作
- 殴打孩子
- 赶出家门
- 不让孩子吃饭

对于幼小的孩子而言，父母就是全世界。一旦被父母丢弃，就会丧失活下去的能力。父母很清楚地知道这一点。因此，父母才将其作为王牌筹码使用。

- 你再这样，妈妈（爸爸）就不管你了啊
- 这样的话，那你以后就什么都自己做哟
- 不听话，我就把你扔这儿了

对幼小的孩子来说，被父母抛弃、拒绝是最为恐怖的。他们

会感到眼前一片黑暗，仿佛坠入万丈深渊。这种体验究竟强烈到什么程度，即使等孩子长大后，以为自己不害怕了，试着回顾逝去的幼时记忆，无论是谁，这种恐怖的感觉又会历历在目。

但等我们长大以后，我们却将这些记忆流放到忘却的彼岸。然后，在管教我们自己的孩子时，又残酷地把这种恐怖作为筹码用到孩子身上。这种方法和其他方法比起来，外表看似稳妥，比起其他伴随暴力的方法，这个方法是多么温柔，并且效果还极好。因此，父母也从不心痛地使用这个方法。

根据米勒的观点，严厉的教育、体罚、严格的管教，都是父母一种无意识的重复强迫。换句话说，就是大人把自己儿时受到过的体验，作为报复施加给下一代。这样做的大人们，通常嫉妒并惧怕着孩子们身上与生俱来的生机、活力和不被束缚的自由。

为什么会这样？因为自己的父母让自己不得不去压抑的情感，如今孩子们却能自由地表达，这在父母看来，无论如何都是不对的。同时，以压抑孩子天性为基础而形成的父母的权威也会受到威胁，于是导致父母感到不安。

## 5．无论怎么努力也觉得不够的原因

社会教养不只是利用人的焦虑情绪，还会制造全新的焦虑。具体来说，当孩子做出违背社会教养的行为时，便会陷入焦虑。另外，在做出社会教养没有规定的行为时，也会因为没有基准，不知道这样做是否可行而感到不安。

更严重的是，通常情况下社会教养规定的事情很多是相互矛盾的。比如：

你们要好好相处 ←→ （不要输）要更努力

好好珍惜自己的东西 ←→ 要与朋友分享

要帮助有困难的人 ←→ 自己的事情自己做

要珍惜朋友 ←→ 要珍惜和家人在一起的时光

不能伤害他人的感情 ←→ 不可以撒谎

不仅在家里，在学校也会遭遇很多互相矛盾的要求。一边强调朋友之间要互相帮助，一边又强迫学生在众人围观的运动会上不留情面地互相竞争。一边喊着学习是为了自己的口号，一边又强制学生按照学校制订的课表来上课。

为了应对这些状况，孩子们只能这样做：让我做什么我就做什么，绝不自主行动。因为在别人让"我"做的事情里，自己是不需要为自己的行为承担责任的，谁让"我"做的谁负责。于是，便可以避免陷入不安。现代年轻人总是等待指示和命令的姿态，其中一个原因就是这种自我防御的心理机制在起作用。

很多时候孩子会被要求做一些实行起来几乎不可能的事情。比如，告诉孩子"只要努力，什么都做得成"。但是实际上并不是"什么事都做得成"。不是每一个人都能把钢琴弹得像钢琴家那样好，不是每一个人都能把棒球打得像专业选手一样，不是每一个人都能进入顶尖大学。

但是，既然大人教了我们"世上无难事"，那自己还做不好，便只能把原因归咎于自己不够努力。于是，"无论怎么努力都觉得不够"的焦虑感便产生了。

山田和夫指出，"格言和谚语的存在是为了让大人去教育孩子，而不是为了让大人去保护格言和谚语本身（《拒绝成熟——长不大的青年们》新耀社出版）"。比如，人们常说"时间就是金钱"，如果囫囵吞枣地接受了这个观点，那么每次游乐时都会产生罪恶感。又比如大人常常恐吓孩子"撒谎的人鼻子会变长"以此来告诫孩子不要撒谎。但实际上，为了在这个社会保全自己，同时不伤害他人，与人和谐交往，我们或多或少地会撒谎，而成年人则会说这是"善意的谎言"。

如上所述，社会教养会利用人的不安，也会给人制造不安。强行管教会强化焦虑心理，使人成为易焦虑体质。形成无论何时总是心事重重，做任何事情都觉得不完善、有罪恶感的易焦虑心理。

# 6. 父母的全能化

想要对孩子实施管教，孩子便不能对父母持有任何怀疑。一旦孩子意识中不认为"父母一定是对的"，管教便很难顺利进行。并且，如果父母被孩子小看了，那就完全无法管教了。因此，父母通常使用下面的手段，刻画自己总是正确的、具有独裁力的形象。

● 理论的灌输

这里指用一些孩子无法反驳的理论，试图说服孩子。每当父母和孩子辩论快要输掉时，就会扯出一些旧事。比如，"如果是这样的话，你那个时候为什么要那么说呢？"

又比如，父母脑海中一边想着"能不能拉上关系呀？"一边又强行拉上关系作为自己的论据。明明知道"大家"都那样做是不可能的，却还要说"如果大家都这么做的话，你觉得会怎么样？"

虽然表面上看是有道理的，但父母和孩子的关系原本就不是对等的。孩子处于一个不得不依赖于父母的弱势地位。所以，父母的理论，背后是有威胁的意味存在的。在父母与孩子的理论中，从一开始，孩子就只有败北这一种结果。因此，表面上好像是讲道理说服了孩子，但实际上孩子只是屈服给了父母的威胁。又因为在这一方法中，威胁总是被巧妙地隐藏了起来，所以孩子会觉得内心这种憋屈以及对父母的敌意是不对的，于是产生一种毫无缘由的罪恶感。

在管教孩子时，这种虚伪的道理灌输，会让孩子对理性思考、理性辩论这件事情形成不信任感。总是回避正经讨论的青年，一方面是害怕自我受伤害，另一方面也与这种深层心理有关系。

● 特权的行使

这里是指父母行使所谓的特权，以宣示父母权威的行为。比如，有的父母会通过不轻易给孩子零花钱，来宣示自己的权威。我们常听到有些父母会说"帮爸爸妈妈把家务做了就给你零花钱""给你零花钱，你就要认真记账""钱都是爸爸妈妈辛辛苦苦挣来的"等诸如此类。

正是利用了特别小的孩子没有其他挣钱手段的事实，去教孩子如果想要得到零花钱的话，就必须按照父母说的来做。通过零花钱来强制孩子服从。有些父母可能意识到了这件事情，但还是会拿一个看似理所当然的理由去说服自己："我这是为了告诉孩子金钱的重要性。"但如果真是如此的话，告诉孩子"花钱之前要想清楚再花哟"，然后再把钱给孩子不就可以了吗？


● 依赖的确认

还有一种通过让孩子确认自己对父母的依赖，以实际感受到父母权威的手段。因为这一手段在日常生活中被频繁使用，有时甚至让人意识不到。但感受力敏锐的孩子是能够看穿的。

曾有一位杀害了祖母然后不得不自杀的少年，用每页可写400字的稿纸写了整整94页遗书。在遗书中，他写下了自己的心理活动。下面就是遗书中的一小部分（本多胜一 编 《孩子们的复仇（下）》朝日新闻社出版）。

关于夜宵，祖母也总是要一些令人讨厌的小花招。祖母从不会主动把夜宵拿过来，当她觉得我饿了的时候，就会出现在我面前，并且一定会这样说一句："不需要夜宵，对吧？"

这种话实在是让人憎恶。首先，如果我需要夜宵，那么我回答祖母这个问法比起我回答"你需要夜宵吗？"这个问法时，肯定的意味更加强烈。因为我要先否定"不需要夜宵，对吧？"中的这个"不"字然后再拜托她，这就体现了我有多么强烈地拜托祖母。祖母因此心满意足。其次，当我要回答"不需要"时，情况就会正好相反，比起"你要吃夜宵吗？"这种问法，回答祖母这种问法时，否定的意味就减弱了。于是，祖母也不会感受到被拒绝所带来的不快。多么巧妙的手段啊！还有，当我拜托祖母给我拿夜宵后，哪怕仅仅只是一块巧克力，没有20分钟，祖母是不会拿过来的。这当然不是她忘了。在这20分钟里，祖母正享受着她被我依赖、被我需要的状态。不仅如此，祖母还尽可能长时间地让我念着夜宵，让我知道我现在正有求于我的祖母。并且，让我意识到自己"尽管拜托了，却还是吃不到的状态"，以此品尝她自己处于优势地位的快感，而让我品尝处于"被投喂"的劣势地位的滋味。

这样的事情，不胜枚举。明明知道孩子需要便当，母亲却还是要问"你明天需要便当吗？"便是这种心理在作祟。通过让孩子反复回答"我需要"，来让孩子意识到自己对母亲的依赖，以此确立作为母亲的权威。

想更进一步确立母亲的权威时，就会这样问孩子"你明天不需要便当，对吧？"因为对于这样的问法，孩子会回答"不啊，我需要"，甚至请求母亲"您帮我做便当嘛"，以此让孩子更加依赖母亲。

● 爱的剥夺

关于这一点，前文已经讲述过，即父母对孩子说"这样的孩子不是我们家的孩子""妈妈已经不要你了"等，或者父母暂时一段时间无视孩子。

通过这样的办法，让孩子被迫意识到自己依赖母亲已经依赖到让母亲讨厌的程度了，从而让孩子深刻体会到母亲的存在感。

● 暴力

这一点前文也讲到过了，无论孩子怎样抵抗，最终都会被迫屈服于父母拥有绝对优势的力量，从而深刻感受到自己在父母面前的无力。虐待孩子的父母，通常不承认自己的行为是暴力或虐待，而强行狡辩是为了管教孩子。

● 强调付出

父母总是强调："我们这么做都是为了你！"所以，即使有时孩子无法认同这种观点，还是会试图说服自己相信"父母都是希望我好，替我深思熟虑了的"。于是感受到一种责任，必须接受父母一切的责任。

因此，孩子会没缘由地觉得父母的不和也是自己的责任。不少孩子在深夜被父母激烈的争吵弄醒时，会觉得"父母是在为了自己而吵架"。曾有调查报告显示，很多父母离婚的孩子，毫无理由地就认为父母离婚是因为自己。还有一些失去父母的孩子，会认为是自己的原因害死父母的。

父母通过这样一些有意或无意的企图，让孩子深信父母是人格完整的成年人，尽量模糊孩子眼中有弱点、有矛盾的自己。让孩子在发现父母不成熟的方面、带着批判的眼光看待父母时，会产生罪恶感，无限度地努力驱使孩子无条件地接受父母不成熟的感情。

# 7. 童话故事中最小的孩子总被描写得惹人喜爱的原因

让孩子深信不疑父母是全能的，同时也是为了让孩子体会到自己的卑微、弱小和无能为力。

即使不是出于有意，于父母而言，孩子的弱小也能让父母感到心情愉悦。即便努力隐藏，这种心情还是会在无意间于各种场合出现。

比如，我们来看一看流传已久的童话故事。在有兄弟姐妹出现的故事中，年纪最小的孩子总是会被描写得最令人疼爱。

在《三只小猪》的故事里，不辞辛劳用砖瓦盖了结实房子的是最小的老三。《狼和七只小羊》的故事里，躲到钟盒里没有被大灰狼吃掉和羊妈妈一起救出哥哥姐姐们的是最小的小羊。灰姑娘辛德瑞拉是三姐妹中最小的妹妹，莎士比亚戏剧《李尔王》中，李尔王退位后，被大女儿和二女儿赶到荒郊野外，真正爱着父亲率军救父的也是最小的女儿。列夫·托尔斯泰的《傻瓜伊万》中，使两个贪婪的哥哥受到教育的伊万是最小的弟弟，安徒生童话《人鱼公主》中的主角也是海王六个女儿中最善良美丽的小女儿。

因为童话故事总是这样讲，于是一些家里有弟弟妹妹且情绪比较敏感的人曾说，他们在小时候听起父母给他们读这些故事，他们会感到悲哀："爸爸妈妈是不是不爱我啊？"

但实际上，最小的孩子是否真的具有故事中描写的那些惹人疼爱的特性呢？至少我没有发现能够支撑这一观点的研究结果。故事中将最小的孩子描写得正直、善良、聪明、孝顺父母，并不是事实的反映。我们将其解释为父母的自我在无意中的显现更为妥当。

当人被比自己弱小的他人依赖时，就会感受到自己的存在价值有了提升。因此，对自己的能力不是很有自信的学生，通常会积极地寻求这种依赖关系。

比如，有些人会选择去参加一些志愿者活动，帮助身体残疾或拒绝上学的孩子；有一些考不上大学的学生，总是很愿意去一些补习班当补课老师。曾经有一位患有厌食症的学生，因为得到孩子们的依赖，在教育实习期间身心状况都得到了好转。

像这样，弱小孩子的依赖，能够满足父母的自我价值感（即感受到自己存在的价值），因此使父母感到心情愉悦。而最小的孩子，是兄弟姐妹中最弱小的存在，也是依赖父母到最后的那一个。因为这种依赖而带给父母的愉悦感，成了上述故事中将最小的孩子描写得惹人喜爱的无意识的动机。

# 8. "扮演"孩子的孩子们

因为父母在无意中希望孩子是弱小的，孩子为了迎合父母的这一心态，便会在父母面前扮演出弱小的样子。在同龄人中极具领导才能的孩子，也会在父母面前撒娇，展现出自己依赖父母的样子。有一个特别有能力的女学生，曾带着自嘲意味说："在父母面前，我真的是兢兢业业地做一个'孩子'。"

有一位男同学曾经来找我咨询，说自己无论做什么事情，都会特别焦虑，觉得会失败。考试的时候，会担心自己哪里粗心答错了；提交论文的时候，虽然说不出具体是哪里，但总担心论文中是不是出了一个决定性错误。我问他："那实际上是不是真的出现过这类错误呢？"他回答："到目前为止倒还没出现过。"我继续进行分析，发现是他跟母亲的无意识的接触方式使他陷入这种不安。

他母亲说，从他小时候开始，便注重培养他"独立自主"的性格特点。任何事情都让他自己去做。母亲会在一旁看着他做，等他做完以后也一定会去检查。

但年幼的孩子靠自己完全做不好，无论做什么总会有疏漏。母亲发现这些疏漏，就会教育他说："你看看，这样做是不行的呀！"然后帮他做好。等到他上了初中、高中，渐渐地很多事情能自己做好了，母亲则基本找不出他的疏漏了。于是，他感觉母亲的情绪不那么好了。当然，这些事情他当时或许没有明确地发现。

母亲通过指出孩子的疏漏并帮他善后来让孩子感受到自己的无能，同时，母亲也无意中享受了这种依赖带来的优越感。母亲看似是在有意培养孩子独立自主的意识，实际上却是在寻求孩子对母亲的依赖。一旦发现不了孩子的疏漏，她的这种快乐便被剥夺了。

因此，当这名男同学即使成为大学生后，在家里做一些事情时，还是会经常故意留下一点疏漏。通过自己无意中出现的疏漏，去维护母亲的情绪。他担心这种在他成长过程中反复出现的他与母亲下意识的接触方式，会出现在他的大学生活中，他因此而焦虑、苦恼不堪。

## 9. 成功了也会让人感到焦虑与不安

不安通常是面对失败时产生的。但相反，有的时候面对成功也会感到不安。这被称作"成功不安"。成功不安也能够通过上文所述的机制来说明。成功是孩子并非无能的证明。因此，对于一些享受孩子的无能、不成熟的父母来说，这无异于孩子的叛逆。孩子洞察到了这一点，于是每当似乎要成功时，就会害怕因此遭到父母的排斥、失去父母的爱。这种恐惧是在孩子无意识中产生的。

过度希望孩子无能的父母，会阻碍孩子的独立自主，有时甚至毁掉孩子的一生。在快要错过最佳结婚年龄的孩子的父母中，我们可以看到这样一些例子。父母嘴上说着"你要是快点结婚就好了"，但实际上，在父母内心深处并不希望看到孩子结婚。这一点，是孩子在与父母漫长的生活中，在无意间已经知晓的。

孩子结婚成家，自立门户，不再依赖自己，这一点是父母无法接受的。

况且，对于父母来说，结婚也是叛逆的一种表现。因为孩子公开表明，在这个世界上他对另一个人的爱，超过了对自己父母的爱。从在某种意义上说，结婚即抛弃了父母。这些对于不成熟的父母来说，都是他们没法欣然接受的。所以，即使是孩子结婚了，他们也试图插足孩子的小家庭中，有时甚至把孩子的婚姻生活弄得一团乱。我们从一些没有固定工作、成年后还在依靠父母的人（即"啃老族"）身上，能够看到这种心理造成的影响。

充分接受了家庭教育的孩子，通常很有礼貌，客气谨慎。因为他们在父母面前的无力感延伸到对待其他成年人和整个社会上，让他们在面对这个社会时抱有过度的敬畏感。

另外，这类孩子在父母面前的无力感会蔓延到自己身上，所以让他们对自己的能力保持自信也是一件难事。因此，即便是客观来看自己的能力很强，但不知在什么方面就是缺乏自信，总感觉优秀这件事情和自己有些不相称。这种心态逐渐形成了易焦虑体质的特性。

从青春期到青年期后，孩子不得不开始接受父母并不是万能的这个事实。大多数青年在这一阶段会抛弃依赖于父母的未分化的精神生活，开始朝着自律和自立的方向迈进。但是，如果对于自己的能力没有信心的话，就会在这一阶段遇到困难，有时甚至产生精神上的问题。

# 10．对父母的敌意

孩子原本都是像小动物一样活泼好动的。他们经常需要去发泄他们用不完的精力。因此，孩子的行为活动是没有秩序的：本来刚刚还在做着这个，转眼又跑去做那个了；刚开始搭积木呢，马上又跑去玩步枪了；穿着内衣就开始到处跑，穿了衬衣就在地上打滚；笑着笑着突然大哭起来，等等。

与此相对，成年人的行为都是有秩序可循的。起床、刷牙、洗脸、梳头、换衣……所谓教养，也是让孩子学会遵从这些秩序。而遵从秩序，就会抑制孩子们无秩序的生机勃勃的精力。从孩子的角度来看，对这些压抑他们的人，理所当然会抱有憎恨。越压抑，他们的憎恨就越深。

虽然孩子不得不依赖父母，但"依赖"这件事本身就必然会产生憎恨。所谓不得不依赖对方，即决定权不在自己，而在对方手里。因为不能按照自己的想法行事，所以只会感到自己被对方操控。虽然这一点在当时并不能被孩子明确地意识到，但已悄然让孩子对父母产生了憎恨的情绪。

但孩子并不能明目张胆地将这种憎恨表露出来。为什么？因为孩子憎恨的对象是父母，一方面他们不得不依赖父母，另一方面父母也有着具有压倒性优势的强大力量。一旦自己对父母的憎恨被察觉，他们很可能失去父母的庇护。于是，他们只能压抑自己的情绪，将对父母的憎恨当作不曾存在。

况且，在社会教养中，本就禁止对父母或老师带有敌意。前文已经讲述过，在教养或教育中，对父母和老师的敌意本就是不正当的。教育教养是为了孩子本人，孩子应该学会感恩。所以孩子会认为带有敌意是因为自己不够成熟，是自己作为一个坏孩子的证据。如此一来，孩子会拼命打消自己内心对父母或老师的敌意，直到连自己都再也意识不到这种憎恨。

# 11．叛逆期有必要存在的理由

孩子容易将憎恨情绪表露出来的这一时期，大人们称之为"叛逆期"，更明确地表现出对父母的敌意的时期为第二叛逆期。因为这一时期的孩子身体和智力水平都得到了飞速的成长，他们切实感受到面对父母，自己不再处于那么劣势的地位，所以他们开始将敌意表露出来。这种对自己能力的自信，使他们从父母的束缚中解放出来，也让他们有了力量去更加真实地看待父母，以及直面自己内心对父母的憎恨。

孩子能够反抗父母，还有另外一个条件：确立起了对父母基本的信赖。为什么这样说，第一叛逆期自不用说，即使到了第二叛逆期，孩子尚且不能脱离父母独立生活。于是，一边叛逆，一边依赖的关系会持续下去。如果孩子对父母没有绝对的信赖——相信即使自己叛逆父母也不会抛弃自己，孩子是不敢叛逆的。

第二叛逆期还有着摆脱"乖孩子"的含义。换句话说，即孩子开始否认被父母塑造的自己，认为这并非真实的自己。前文已经讲到，孩子为了迎合父母的期望形成了整个内心世界，所以孩子甚至意识不到"自己是被父母塑造的"，"乖孩子"的形象已经深入孩子内心的各个角落。第二叛逆期便是打破部分"乖孩子"形象的时期。

于是，理所当然地会暴露一些"坏孩子"的色彩。比如使用粗鲁的言语、装坏孩子、做一些不良少年的行为等。

叛逆期不仅仅对于孩子本人，对于父母来说也有着极为重要的成长性意义。怎么说呢？此时的孩子已经不再像从前一样对父母言听计从了，父母意识到这一点后，在各个阶段学会对孩子放手，停止对孩子过多的干涉。

在进入青春期和青年期后，被心理问题困扰的人，通常来说很多都是没有体验过第一叛逆期和第二叛逆期，就成长为大人的。这是下列各种含义上的不幸累加所导致的。

第一，孩子没有对自己的能力产生自信；

第二，孩子没有对父母构筑起绝对的信赖感；

第三，父母鲁莽擅自的支配不断持续。

这种情况带来的结果便是孩子将憎恨内在化，憎恨在内心大量积蓄，不久，这些憎恨再也无法平静地被压抑于内心。于是，当心理问题产生时，就无法再控制对父母的敌意。

家庭暴力便是这其中的代表性事例。他们怨恨父母毁了他们无法重来的童年时代，于是激烈地、执拗地与父母发生碰撞。更容易沦为家庭暴力对象的通常是母亲，不是因为母亲力量软弱，而是因为母亲是最接近孩子的。

但是，这类孩子并不会完全地拒绝自己的父母。反而是在与父母的依恋关系中持续着暴力行为。这种行为仿佛是在确认，是否无论自己坏成什么样子，父母都不会抛弃自己。

这种被压抑的对父母的敌意，作为一种分不清对象的敌意在内心积攒下来。这种敌意会被投射到外部世界，会让孩子觉得自己被这个恐怖的世界所包围。这就是为什么易焦虑体质者对外界恐惧的原因。

## 12. 起到监视作用的眼睛

所谓教养，并不是孩子通过自己的眼睛去看待自己的行为和意识，而是要求孩子通过父母的眼睛去看待自己。这种父母的眼睛深深地印刻在孩子的心中，即使是在父母看不到的地方，也能控制孩子的一言一行。于是渐渐地，在孩子心中出现了另一个自己，时时刻刻地监视着自己的行为和心理。

通常，我们意识不到自己内心形成的这个监视自己的眼睛。最多只会在我们做了什么坏事时，感到心情沉重，觉得有罪恶感，仅此而已。但神经功能症和精神分裂症患者，能明确地意识到这双眼睛。比如，让精神分裂症患者画一幅自画像，有人会在额头的正中央画一只盯着自己的眼睛，又或者会幻听到监视者的声音。

这种起到监视作用的眼睛，从父母蔓延到其他一般人身上。因此，在其他人面前，也会采取和在父母面前一样的行动。所谓的面子、体面，就这样形成了。

将他人的眼睛安放在自己内心，是告别以自我为中心的表现，也是在社会生活中不可或缺的特质。但同时，自己的内心存在着一双监视自己的眼睛，也是监视和被监视的两个自我分裂的开端。

然后，监视和被监视的两个自我的分裂，不久就会引起真实自我和伪装自我的分离。关于这一点，心理学家罗纳德·大卫·莱恩的分析极具参考价值。

身体活动的行为逃不过父母的眼睛，而不外显于行为的心理活动却是自由且不受父母眼睛监视的。于是，一边是顺从父母的管教，而另一边，一个与外显的自己并不相同的内心开始独自秘密成长。

然后，会渐渐地开始认为内心的这个自己才是真正的自己，而表面行为和服从管教的心理只是伪装的自己。为什么会有这样的感受？因为服从管教的行为与心理很难让人觉得是自己自愿的，而与此相对，被隐藏起来的内心却是完全属于自己、完全自由的。

# 13．真实的自己和伪装的自己

伪装自我与真实自我的分裂，到青春期时变得严重。具体来说，在这一时期，人的智力飞速发展，能够开始将自己对象化，并发挥出丰富的想象力。加之内心冲动不断增强，开始出现性欲等被禁止的欲望，也开始情不自禁地做出一些被禁止的行为。

这种自我分裂，会带来以下几种心理，成为我们痛苦的根源。

● 感到被监视、被玩弄

出现这种心理的人，会觉得自己的行为无论何时何地都在被人监视，感到自己被人玩弄。我们从《人间失格》中引用一段关于这种感觉的描写。

其实，自己一个人的时候，坐电车会觉得乘务员很可怕；想进歌舞伎剧场看看，会觉得站在正门玄关处，铺着深红地毯楼梯入口两侧的接待小姐很可怕；进到餐厅里，会觉得一言不发地站在身后等着收空餐盘的服务生很可怕；尤其是在要结账的时候，啊，我那个笨拙的手法，买完东西要把钱递给人家时，不是因为吝啬舍不得钱，是一些紧张、一些害羞、一些不安、一些恐惧，让人头晕目眩，感觉整个世界变得天昏地暗，几乎陷入半癫狂的状态。这种时候哪里还顾得上杀价，不只是忘记拿找回来的零钱，甚至经常连自己买的东西都忘记拿回来了。我实在是不能一个人走在东京的街上，于是没有办法，只能一整天都躺在家里碌碌无为。

对于监视并控制我们的人，我们会对其产生憎恨。但是，这个监视、控制自己的人其实是自己内心中存在的另一个自己。并且，他本人也已经无法再明确意识到这另一个自己的来历了。因为无法清晰锁定这个监视、控制自己的对象，所以这种憎恨的情绪也就只能变成一种不明缘由的焦躁、一些自暴自弃的冲动。

● 空虚感

人的行为原本是为了满足自己的欲求或兴趣爱好的。但是，一旦接受了社会教养后，引起人做出行为的动机就发生变化了，例如"因为不得不做……所以去做""因为大家希望我做……所以去做"等。于是，出现了以下结果：

- 并不是因为饿了而吃，而是因为到了吃饭的时间所以去吃
- 并不是真的开心，而是那个场合应该说开心所以说"好开心呀"
- 因为别人说快乐，所以自己也觉得"快乐"
- 并不是因为自己想帮忙，而是那个场合下大家都期待有人去帮忙，所以去帮忙
- 因为加入兴趣小组是"理所当然"的，所以加入
- 因为到了理所当然该谈恋爱的年纪了，所以开始交往

如此一来，人们无法再跟随自己的内心去行动，在做事情时，总是会在意那双监视自己的眼睛。做出各种行为，不再是随意的、满足真实自己本来的欲望的，然后人们开始变得踌躇、迷惘、笨拙、不自然。在这样的行为中，无论怎么努力，都无法获得充实感。做什么都感觉不到快乐，只留下了满心空虚。

● 容易受伤的自我

因为伪装的自己会与现实中的行为相伴，所以伪装的自己常会被拿来检验这一自我在现实世界里的真伪性和适当与否。而与此相对，真实的自己不会伴随实际的行为，只存在于自己的内心，

所以是无所不能的。因此，当现实世界中出现一些不顺利的事情时，伪装的自己就会走投无路，然后不得不逃避到真实的自我中。

但是真实自己的世界，是毫无现实保障的空中楼阁，并且自己内心深处也知道这个事实。于是，真实的自己便开始隐藏起来。但真实的自己越是隐藏，越是无法接受现实的检验，因此也无法通过接受检验来获得检验合格时的自信。这一脆弱的空中楼阁渐渐地高大起来。

比如，在学习成绩上无法满足父母期待的孩子，他们会坚信自己其实是优秀的，总有一天会开花结果成为父母的骄傲，他们以此来保持自我；比如经常受欺负的孩子，会在空想中想象自己变强大了，去惩罚那些欺负人的坏孩子；比如棒球队的替补队员，他们会暗自想象只要让"我"出场绝对能大显身手；在公司考评中等级最低的员工，会想着是领导有眼无珠。

如此一来，我们可以发现，一个以为的真实的自己，其实只是虚假的自己，相反以为的虚假的自己，反倒才是真实的自己。

于是，真实的自己被检验以及真实自己的实际状态被暴露都成了一种威胁。为什么？因为本人知道真实的自己是经不起现实检验的。所以，不得不接受现实检验这件事让人感到焦虑。因为真实自己的欺骗性遭到暴露，所以导致心灵受到伤害。

易焦虑体质者，就这样将这座名为真实自己的空中楼阁建造得愈发高大，也因此更容易受伤。

## ● 现实感受的淡薄化

一方面，自己的感受是无价值的，自己所抱有的真实情感被强制压抑，相反不得不承认被外界给予的价值基准和情感才是重要的。因为伪装的自我是在这样的状况中形成且发挥作用的，所以所谓真实自我其实并没有任何实感。

另一方面，自己所认为的真实的自己也从未与现实相结合过，所以，更没有真实自我"活在现实中"的实际感受。结果，无论是真实的自己，还是伪装的自己，现实感受都越来越淡薄。

用实感去理解这种现实感受的淡薄化极为重要。用一句话概括，就是缺乏"自己现在正活在现实里"的实感。这种感受，就好像看待自己是正在看着别人和电视剧一样。即使是说同样的话语，在现实感受淡薄的人看来，都有着完全不同的内在含义。这种状况更加严重后便成了人格分离（人格解体）。在这里，我们继续引用前文中列举过的与厌食症做斗争的毕业论文中的记述，便于我们更好地理解人格分离。


从某某医院回来后的第二天起，我就好像出现了人格分离的症状。早上起床时，先是感到母亲离我很远。即使是与人说话，也仿佛两人之间隔了一层膜，声音听起来很是遥远，似乎耳朵被什么堵上一样。与人说话的同时，既没有现实感，又感觉到"有另一个自己在看着自己"。即使笑了，内心其实也并不觉得有什么好笑的。仿佛内心不会再有任何波动。

即使去了学校也不复从前。无论是自己说的话，还是眼前的朋友，一切都好像是在梦中一样。

易焦虑体质者中也有人正饱受着这种现实感受淡薄化所带来的痛苦。他们会觉得现在的人生都是假的，总有一天，在未来的某个时刻，自己真实的人生会拉开序幕。等到了那时，就能以真实的自己活下去了。

# 三、不以管教为借口压抑孩子

## 1. 站在孩子的视角

或许会有人认为我过度强调了管教的暗黑面，又或许会有人误解为应该尽量不去管教孩子。而我的观点如下。

管教是孩子在社会化过程中不可或缺的一环，有必要认真对待孩子的教育问题。但大人在对孩子进行管教时，应该考虑到管教背后隐藏的意义，在孩子的教育问题上要充分小心注意。

那么，要具体注意哪些事情呢？因为现在的文化通常是以父母或大人的视角来构成的，所以管教经常变成强行灌输父母的自我给孩子。因此，我们首先要彻底地重新审视管教方式，将管教回归到孩子的视角。

我们再来看一下那些所谓为了哄孩子开心而创作的童话故事。在日本故事《摘梨兄弟》中，母亲应该能够预想到，如果自己说想吃梨的话，孩子们会冒着危险去摘梨。可尽管如此，母亲还是说了。并且，当大儿子没有回来，二儿子也没有回来的情况下，母亲也没有阻止三儿子去摘梨。在格林童话《汉塞尔和格蕾特尔》中，贫穷的父母为了守住自己的生活而将他们丢弃在了森林中。

可以看出在这些童话故事中，是将孩子要向父母报恩作为理所当然的前提。所以，孩子们才会明知道有危险还要去摘梨；桃太郎才会击退了魔鬼，为爷爷奶奶拿回了宝物；辉夜姬才会在回月亮前，留下了很多宝物作为报答；就连汉塞尔和格蕾特尔也为了父母，将被魔法隐藏起来的宝石带回了家（有的版本中这一结局被删减）。

学校也是以大人的视角去设计的。

"第一节课上数学，做一下教科书第三十五页的练习题，好，打铃了。休息十分钟。接下来是语文。嗯？刚刚的数学题呢？现在是语文课，不要想数学题了，来，朗读一篇语文教科书课文。第三节课的社会课。是谁还在做数学题呀？现在是社会课，大家注意力集中到这上面来！"

像这样，学校强制性地让孩子的注意力集中到大人们事先设定好的内容上，甚至连注意力集中多长时间都规划好了。

再者，学校当初本就是利用孩子们容易不安的性格特质而成立的制度。如果说现在变成"去不去学校完全自由，不去也不会被骂，对将来也不会有任何不利影响"，那么谁还会每天早起，大雨天也要去学校呢？

看一看选修那些既不点名又容易拿学分的课的学生人数，立马就能明白这一点了。因为连这些为了学习挤掉千军万马上了大学的人都这样。

## 2. 相信成长的力量

所有的生物，只要放在适当的环境下，就会健全地成长。因为生物自身原本就有一种健全成长的能力——内在成长力。人类的孩子也是如此。相信孩子的内在成长力，在此基础上与孩子交往，孩子便能茁壮成长为一个健全的自我。

如果不相信孩子的内在成长力，就会给孩子一个不适当的环境。过度保护、干涉就是其中表现之一。因为父母暗自认为"这对孩子来说太难了""他一个人应该做不了"，于是对孩子过度保护、干涉。

所以，过度保护、干涉的养育方式会让孩子深刻地意识到"自己是无能的"。因此，在被过度保护、干涉的环境下长大的孩子，到了该自立的青年期后，人生就开始变得艰难。

过早地开始教育或过于严格地进行教育，其原因有不太相信孩子的内在成长力的因素。一岁的时候不会做的事情，到了两三岁自然就会了。相信这种成长力，不去揠苗助长地守护孩子十分重要。

教育，是应该在合适的时机以恰当的方式进行的。以同一性理论而著名的美国精神病学家、发展心理学家和精神分析学家埃里克·埃里克森（Erik Erikson）曾指出，自律性是幼儿初期开始接受教育时的成长课题。但是，过分地强调自律，又会形成只知道过度压抑自己的"早熟内心"。真正健全的自律性，不只是能够克制自己，应该还包含有在必要的场合能够寻求外界配合自己发生改变的能力。

在接下来的幼儿后期，克服罪恶感而获得自主性成了新的成长课题。此时，如果教育过分严格，孩子就会面临形成"过分严格内心"的危险。这种内心一旦形成，孩子就会对基于自己内在欲求而产生的行为抱有罪恶感，从而失去了悠然大方的自主性。

# 3. 重回孩童时代

有句老话说"养儿方知父母恩"，我认为没有比这更能表现父母自我的谚语了。"只有等你当了父母，你才会知道，父母是多么为子女着想，父母都为孩子牺牲了多少"，一旦孩子听到这样的话，便只能沉默地低下头。

但是，除了一些极为不成熟的父母，一般父母应该知道，孩子又为他们带去了多少。无论是孩子的一个笑容，还是从蹒跚学步到牙牙学语，都带给了父母无尽的喜悦。单纯孩子诞生这件事，都让父母的人生变得无比丰富。倒不如说"养儿方知儿女恩"或许更为贴切。

有些人无法接受自己，觉得自己无能，无法满足父母的期待，或者觉得自己的存在只是给父母添麻烦。其实不然。对于父母来说，你的存在本身已经是无可替代的馈赠。

圣埃克苏佩里曾在《小王子》中写道："每一个大人曾经都

是孩子，只是他们忘记了。"但至少在大人们成为父母的时候，应该尽可能地回忆起他们年幼时的体验。养育孩子，同时也是一次重回童年的机会。在这次机会里，如果自己不能变得更好的话，也就无法给孩子更好的人生吧。

爱丽丝·米勒指出，想要让孩子实现完全的自我成长，父母需要注意如下几点，这也是对"何为教育应有的样子"这一提问的回答：

●与孩子交往时尊重孩子

●尊重孩子的权利

●宽容对待孩子的感情

●时刻准备从孩子的行为中学习如下知识：

（1）关于每一个孩子的本性；

（2）关于自己心中的孩子；

（3）关于感情生活的规则性。

# 四、社会经验导致的易焦虑体质

## 1．造成焦虑心理的社会

社会环境和个人经验有时会更让人有焦虑倾向，甚至形成易焦虑体质。

如果问易焦虑体质者他们在担心什么，多数情况下他们会回答担心自己的内心受到伤害。易焦虑体质者通常比较"玻璃心"（指心灵容易受伤）。

这是因为现在的孩子兄弟姐妹少，与同龄孩子的交流也少，这导致孩子在成长过程中缺乏与直率情感相碰撞的经验，因此没有培养出对待伤害的耐性。

同时，如果孩子从小被放置在一个总是充满竞争性、批评性的环境里，会让孩子感到外界不认可、不支持自己。这种孤立无援的感觉，会让孩子感到这个世界到处都是令人焦虑的事情。

另外，"过度恐惧失败"这一日本特有的说法也对焦虑心理的形成产生了影响。在网络上搜索可以发现，有很多名为《错误百出的……》图书十分畅销。日本孩子因为害怕说错后丢脸，因而不敢在课堂上发言的现象十分明显。

这样的社会环境让人们有了完美主义倾向。很多来日本旅游的外国人很惊讶，电车司机竟然能以秒为单位确保电车的准点运行。在其他工作中，多多少少都会拘泥细节、追求完美。这些造就了日本职场上的高质量。但是，追求完美就必须时时刻刻注意每一个细节，这也加强了人的易焦虑倾向。

有些易焦虑体质者虚张声势地装作自己很有自信的样子。但没有任何一个易焦虑体质者是当真自信满满的。所谓易焦虑体质就是不确定自己是否被外界所认可，换句话说，就是不相信自己，没有培养出十足的自信。而这些威胁到人的自信的社会性因素，便让人有了易焦虑倾向。

# 2．学生时代所遭遇的欺凌所导致

大部分人都不知道为什么，等意识到时自己已是易焦虑体质了。但也有些人，他们知道自己成为易焦虑体质的契机和原因。

皮肤白皙、身材纤细的圣子女士（化名）说，中学时期遭受的欺凌促成了她的易焦虑体质。

她原本性格开朗、无忧无虑，小学时在女孩子中通常是照顾别人的那一个。她成绩很好，运动也不错，更是弹得一手好听的钢琴。

初中一二年级时，班主任是一名男性，或许是因为圣子善良乖巧，班主任很喜欢她。但是，却有不少女同学没缘由地讨厌这名老师。

在初一第一学期的合唱比赛上，圣子负责钢琴伴奏。但直到最后，大家也没排练好，只能以失败告终。大家的怨气都怪到圣子身上，对班主任的不满也愈发严重，圣子开始被班上的女同学无视、排挤，校园欺凌开始了。她也曾有过一段时间试图努力挽回大家对自己的信赖，但过于认真、认死理的性格，反而让更多的女同学开始疏远她。

通过这些事情，圣子开始尽量不刺激同学们，学会看同学脸色，时刻注意不去太张扬显眼。

所幸，初中三年级时进行了分班，也换了班主任，她才摆脱了这个局面。但从那时起，她已经形成了这样的消极性格，过分在意自己的言行，担心自己会惹朋友们不高兴。

## 3．因充满紧张感的职场所致

被极度无理又高强度的紧张感充斥的职场，通常会使人产生易焦虑倾向。

A 先生在上一家公司努力做了三年销售代表。这家公司将员工们放在一个彻底的互相竞争的关系中，公司氛围令人痛苦。每周开早会时，会点检各自的业绩，强迫员工喊出目标。一旦完不成业绩，或者目标定得太低，就会被当众责骂："你就这点干劲儿吗？""公司花钱养了你这么个废人？"业绩报告稍稍出了点错误也会被严厉斥责，公司上下战战兢兢。晚上睡觉都会经常梦到自己又挨骂了，或者担心自己是不是哪里又做错了而突然惊醒。

在这样的公司待久了，会养成一种习惯，一听领导说话就胆战心惊。即使跳槽到了现在的公司，也很难从这种情绪中抽离。

# 1. 受到惊吓的体验所导致

家里着火；发生交通事故有同乘人员死亡；遭遇大型灾害多人遇难等这样的事情，都可能是一根导火索，让人从此变得更易产生不安、焦虑的心理。

另外，也有人在经历了身边亲近的人去世或自己生了一场大病后，会开始过度地担心自己身体上发生的微妙变化。此时，这种对身体状况的焦虑会扩散到对整个生活的态度，也就形成了所谓易焦虑体质。

遭遇过强暴或激烈暴力行为的人，会产生创伤后应激障碍（PTSD）。不管事情过去多久，他还是会反复、不由自主地想起与创伤有关的情境或内容，深感恐惧和痛苦。

# 5. 经历越多，越容易焦虑？

生活状况的变化，有时也会导致焦虑心理。

比如孩子的出生，在让父母感到喜悦的同时，也埋下了更多令人不安的种子。养育孩子没有标准指南，在反思自己与孩子的接触方式时，会担心"这样做真的可以吗"。孩子牛奶喝得比往常少或大便和往常有些不一样，都会让父母担心。更别说孩子呕吐、高烧、意识模糊、痉挛等，简直让父母提心吊胆。

等孩子稍微长大些，会担心孩子玩耍时会不会受伤，会不会遭遇交通事故；等进了学校，又担心孩子有没有被人欺负，能不能跟得上课程的进度。有些易焦虑体质的母亲，明明对自己的事情毫不焦虑，但孩子的事情总是担心得不行。

职场环境的变化有时也会导致人的焦虑心理。比如，很多人在晋升的同时，焦虑倾向也愈发严重。年轻时，只用好好完成自己负责的那部分工作就万事大吉，下班之后就再也不用想工作的事。但随着职务的升迁，肩负的责任越来越重大，会更不允许自己失败。如何处理与下属的人际关系也成了烦心事儿。这些事情都成了焦虑的种子，一想到这些便不由地焦虑起来。

一般来说，经验越多，越不容易焦虑。但有些情况下，随着经验的积累，人反倒会愈发焦虑。

我记得曾听到一位资深女演员和一位新人女演员的对话，在舞台拉开帷幕前，资深女演员说："我好紧张呀。"新人女演员接着有些骄傲地答道："我一点都不紧张。"资深女演员听完后说："等你积累了我这么多经验之后，就会紧张哟！"

我作为教师给学生上课，比起年轻时，中年后的我对课堂更容易感到焦虑。因为想到自己已不是那个被容许犯错的年纪了，我必须要冷静地去思考，保证自己的教学水准。

## 第五章

接纳并
利用好
易焦虑体质

# 应对焦虑：
# 与易焦虑体质
# 共生相处

消除焦虑
的三个
步骤

易焦虑体质者
的身体自律
训练法

# 一、接纳并利用易焦虑体质

## 1. 摆脱父母的束缚

父母对于你的易焦虑体质的形成，或许造成了一定的影响。但如果将其作为自己易焦虑体质和痛苦的借口，去责备父母，那只能说明事到如今你还被父母控制着。为什么这么说呢？因为即使责备父母，结果也不会有任何改变。你的易焦虑体质和痛苦还是会继续存在，而父母会不会改变，不取决于你，而是父母自己决定的。

因为一点点小事儿就烦恼，内心充斥着利己主义，有时因为自己内心处理不了的纠葛而将气撒到家人身上。这些都是父母的真实面貌。但世上没有完美的父母，孩子或多或少总是被"问题父母"抚养长大。这其中，每个孩子一边与之斗争，又一边长大并成为自己。

去接受父母本来的样子，他们和我们一样，内心藏着很多自卑和纠结。这才是了解真实的父母，同时又不被父母控制的生存方式。或许，当你用这样的心态看待父母时，你会觉得父母很可怜，因为他们也只是有血有肉的普通人。

人生是自己的。父母有父母的人生，你也有你的人生。

## 2. 充分发挥易焦虑体质的优势

易焦虑体质受到天生因素和成长经历的影响，已深深地刻在心里成了自己的一部分。如第二章所见，为了应对易焦虑体质，身体也具有了相应特质。因此，想要改掉易焦虑体质，就如同将自己身体的一部分割舍掉一样。

如此可见，我们通常很难从易焦虑体质中脱离出来。哪怕是努力到令人动容，然后一定程度上抑制自己的易焦虑心理，这种情况也只可能出现在极具灵活性且精力旺盛的青年时代。但为了摆脱易焦虑体质所花费的精力之多，是否能取得相应可观的效果，这不敢保证。

比起可能是竹篮打水一场空的折腾，不妨试着接纳现在的自己。去试着可怜正饱受易焦虑体质折磨的自己，然后与自己这可怜的性格好好相处下去。

所谓易焦虑体质，其实是我们为了克服某些困难局面时而选择的一种心理行为。或者更确切地说，是自己不得不选择的一种行为。但不管怎么说，多亏了易焦虑的性格，让我们克服了到目前为止的所有困难。因此，在接下来的日子，尽管还会有痛苦，也请继续这样坚持下去，然后尽可能地努力发挥易焦虑体质者的优势。

易焦虑体质者如果能够很好地利用自己的易焦虑心理，它则会成为我们人生路上强大的武器。

- 能够规避潜在风险

易焦虑体质者能够毫不遗漏地抓住危险的预兆，提前做好应对风险的准备。

- 思虑深远、内心丰富

易焦虑体质者经常被人评价"你太在意了""你想太多了"，比起肌肉活动，他们的精神活动更加活跃。他们心思细腻敏锐、情感活动丰富，且自我反省（内省）能力强，对自身的内心活动也很敏感。

- 待人细微周到

因为有这一特质，因此也能与他人产生共情，乐于奉献。

- 工作完成度高

易焦虑体质者在完成工作时，会思前想后，仔细检查细节，确保没有差错。而现在的很多工作，一丁点错误就会导致严重的后果，所以比起吊儿郎当的人，他们在同事中更受欢迎。

- 能为自己的人生做万全的准备

易焦虑体质者因为常怀不安所以坚持不懈地努力，但也因此能够踏实地过完自己的一生。他们能够预见更远的将来，并为其做好准备，所以能够平安地迎来自己的晚年生活。

但想实现以上可能性，必须要有意识地去努力利用自己易焦虑的特质。为什么？因为易焦虑的人特别容易被眼前的一点点心事儿牵着鼻子走。如果不想这样，就必须要确定自己真正想要的到底是什么，对将来要有一个明确的展望。具体有哪些方法，会在后面的文章中进行阐述。

# 3．正视焦虑——与自己的斗争

就算嘴上说着要接纳易焦虑的自己、发挥易焦虑体质的特长，但想想自己焦虑时的那种痛苦，就知道这并不容易做到。那么，让我们再来确认一下究竟什么是焦虑。

所谓焦虑是一种客观存在的事实，但它并不存在于外部世界，而存在于我们的内心。有一个很有名的寓言故事说明了这一点。在一个房间的天花板上用线垂吊着许多利剑，哪怕是很擅长剑术的人待在里面，也会不由地紧张不安。但心智尚不足以想到线可能会断裂、剑可能会掉落的幼儿，却能在里面无忧无虑地玩耍。

我们在考虑焦虑的本质时，就会发现这则寓言故事里其实也含有不充分的部分。因为这则故事里，剑会掉落这一客观危险是确实存在的。而后文会讲到的，当我们对焦虑进行分析时，焦虑对象的大部分其实并不存在客观的危险，或者哪怕存在，其实际发生的概率通常也极低，远没有焦虑的必要。

举个例子，我们来想一想"必须去见高层领导或教授等权威人士"时会感到不安。这种情况下，我们并不会因为对方而使我们的身体受到伤害。我们担心的是对方给自己的评价很低，或对自己不满意。但即使对方对我们的评价低，对我们不满意，也并不意味着我们会失去什么。

所以，这种情况下的不安，单纯只是你内心的一种情感，是儿时担心父母不喜欢自己时的那种无力感，在面对权威人士时无意识的一种再现。

其实，对方忙于自己的事情，每天要见许多人，你只是其中之一，他并不会单单对你印象特别深。所以很多人在实际见面后，就会完全忘了见面之前的那份不安。

还有一个厌食症的例子。患有厌食症的人通常过度担心自己肥胖。但是，客观的危险到底是什么？"肥胖"这件事情，除了个别极端的情况，通常是没什么危险的。厌食症患者只是害怕会因为肥胖而"被人瞧不起"。

而实际上患有厌食症的人，通常并不是很胖，基本身材都是匀称的，或看起来稍稍偏胖的人。相反，其中不少人看起来还有些偏瘦。这些都是没必要担心会"因为肥胖而被人瞧不起"的人。他们擅自为自己制造了一种"可能会被人瞧不起"的焦虑，将自己的身心撕得粉碎，最终导致厌食症。

如果对焦虑的根源进行分析，就会发现大部分都是我们自己制造的幻象。易焦虑体质者会将一般人根本不会在意的事情，看作焦虑的根源，或是把一点小小的挂念，放大成严重的焦虑。

把焦虑看作是自己内心的一种存在，其实就没必要与焦虑做斗争了。自己与自己的内心做斗争，大抵是没有胜算的。这样做只会让自己疲惫不堪，然后倒下。就像对待易焦虑体质的根本原则就是不与易焦虑体质做斗争一样，对待焦虑的根本原则也是不与焦虑本身做斗争。

但这里的不与焦虑做斗争，不要误解为是逃避令我们焦虑的事情。逃避只会让痛苦不减反增。遇到事情找个借口敷衍过去，之后会让我们陷入更苦的窘境。

所谓不与易焦虑体质做斗争，就是接纳易焦虑体质的自己，并发挥易焦虑体质的特长。同样，不与焦虑做斗争，即不去刻意地压抑、无视自己的焦虑心理，接纳自己焦虑的内心，深入挖掘焦虑的根源，以此来更深刻地重新审视自己，处理问题。

丹麦宗教哲学心理学家、哲学家克尔恺郭尔也曾说过："学会了正确地焦虑，就是获得了最宝贵的财富。"

所谓焦虑情绪，其实是我们的注意力偏离了它本该注意的对象，而转向自我的状态。对此，我们最基本的做法就是将自己的注意力再转回它本该注意的地方。这便是以戴尔·卡耐基的著作等为基础形成的焦虑分析、价值分析。

# 二、消除焦虑的三个步骤

## 1．将焦虑明确化

（1）列举令人焦虑的事项清单。准备一张 A4 的白纸，将自己心中有些担心的事情全部写出来。书写时沿着长边横着写即可，因为之后还要分析每件事情的对策，所以尽量靠左写，每件事情之间稍微空出一些距离。如果可以的话，尽量把紧急的事情写在上面，长期性的事情写在下面，这样更好把握。

因为压抑心理的作用，有些担心的事情可能无法准确地用文字表示。所以，不要顾虑太多，想到什么写什么，再小的事情也都写下来。我们担心的事情，通常也都是些小事情。不用像写文章一样，例句条目就可以。如果你是学生的话，可以写毕业论文、参访公司、找工作、拿学分、社团里的人际关系等；如果你是社会人士，可以写与领导的关系、跳槽、工作内容、健康、孩子的事情、裁员导致的失业等。

通过这样一一列举，内心充斥着的不明不白的焦虑就会具体对象化。在写出来之前，我们通常会觉得让我们焦虑的根源太多了，可是写出来之后会发现其实也并没有那么多。

（2）解决真正害怕的事情。真正让你产生焦虑的原因，通常可能并不是你以为的那个。我们需要将列举出来的事项一一分析，弄清自己真正害怕的东西。比如下面这份焦虑事项清单。

| 担心的事 | 真正担心的东西 |
|---|---|
| 公司实习 | 大家对自己的评价会不会很低？ |
| 与领导的人际关系 | 会不会被领导穿小鞋，在公司地位不保？ |
| 能否胜任工作 | 在考核中被评价为无能员工 |
| 会不会失业 | 失去收入来源 |
| 能否顺利完成讲演 | 会不会被其他人认为自己能力低下 |
| 被人认为性格阴暗 | 会被朋友嫌弃 |
| 联谊时被要求表演节目 | 因为没有才艺而羞耻 |
| 能否顺利完成毕业论文 | 无法按时毕业而丢脸 |

刚开始写可能会觉得有些困难，但不要怕麻烦，花些时间好好想一想，很快就会习惯这个做法。

试着这样分析之后，我们会发现，很多时候我们害怕的并不是那件事情本身，而是别人对自己的评价。结果就是，其实并不存在什么值得害怕的事情，很多原本令我们焦虑的事情也就此被解决。


（3）应对会失去的东西。当担心的状况发生时，我们能知道实际会失去什么，将它们写在"真正担心的东西"的右侧。如下方所示：

| 担心的事 | 会失去的东西 |
|---|---|
| 公司实习 | 无法在这家公司就职、自尊心受伤 |
| 与领导的人际关系 | 晋升比同事慢 |
| 能否胜任工作 | 会被公司开除、失去稳定的收入来源 |
| 会不会失业 | 失去稳定的收入来源 |
| 能否顺利完成讲演 | 自尊心受伤、失去领导的信赖 |
| 被人认为性格阴暗 | 被朋友抛弃 |
| 联谊时被要求表演节目 | 自尊心受伤 |
| 能否顺利完成毕业论文 | 自尊心受伤 |

这样分析后我们会发现，几乎所有令我们焦虑的事情，能让我们失去的无外乎实际利益和自尊心。

实际利益即"无法在这家公司就职""失去稳定的收入来源"等。这种情况下，我们可以通过"挑战其他公司""换别的工作"等，找到实际利益的替代品。所以，最后剩下的就只有丧失自尊心这个问题了。

但丧失自尊心这件事情，本身就等于什么都没失去。为什么这么说？因为所谓自尊心，只不过是我们自己给自己内心上的一道枷锁。比如在联谊时觉得丢脸了，其实也就是自己觉得丢脸而已。在其他人眼里，"只会觉得大家一起玩得很开心"。说到底，只是自己一厢情愿地觉得自尊心受到了伤害而已。

## 2．决定消除焦虑的具体行动

（1）思考担心的事情实际发生时的状况，预测它会发生的概率。首先，设想令我们焦虑的事情实际发生时会是什么状况，并将其具体记录下来。举个例子，如果担心"能否顺利完成讲演"，那么令我们担心的事情实际发生时，情况可能如下：

- 讨厌紧张，语无伦次
- 被提问时回答不上来

将这种"令我们焦虑的事情实际发生时的状况"写下来会更加明确，但不是每条都非写不可，能写多少写多少。

接下来，我们回想一下这样的事情在自己身上实际发生过多少次，以此来估算这件事情实际发生的概率。

比如以前讲演时，就算自己觉得发挥得不太好，但朋友都说"今天表现很好呀"，其他人也并没有批评，就说明以前在讲演这件事上，大体是完成得不错的，失败的概率并没有那么高，所以可以将其设定为20%。

如果是担心"能否顺利完成毕业论文"，那么可以设想它实际发生的情况可能如下：

- 无法决定论文选题
- 无论如何都搜集不到必要的资料
- 撰写不好文章
- 因为生病等赶不上截止日期

这时，我们可以回想一下迄今为止自己写论文的经历，实际有多少次是因为生病没有完成的。另外，我们还可以综合思考一下迄今为止每年上百万的大学生中有多少是完成论文顺利毕业了的。这样一算，发生"无法顺利完成毕业论文"的情况的概率，再高也不会超过10%。

通过这样的分析，焦虑者会意识到，是自己夸大了令自己焦虑的事情实际发生的概率。

(2) 选择有必要应对的事项。接着，我们需要将令自己焦虑的事情分为可以忽视的与需要应对的两类。

发生概率在10%或5%以下的，可以放着不管。其实，当我们看到这张焦虑事项清单时会发现，迄今为止，我们都毫无依据地、过高地假定了很多事情的发生概率。这些事情"放着不管也不用有任何焦虑"。

将那些发生概率很高，或者概率低但一旦发生会代价很大的事情作为我们需要去应对的事情。

(3) 用自己能够采取的行动去应对。关于需要应对的令人焦虑的事情，我们要根据不同情况的特点，尽可能多地列出具体的应对措施。比如，关于"讲演时过度紧张，语无伦次"这件事，我们有以下措施：

- 撰写讲演的逐字稿，用读的方式进行讲演
- 正式讲演前练习 10 次以上

……

关于"无法回答现场提问"，我们可以：

- 让领导和同事先听一遍自己的讲演，让他们提出可能会被问到的问题
- 就这些问题，事先准备好资料和回答的内容

……

如果是毕业论文的事情，我们可以：

- 查阅前辈们的毕业论文选题
- 尽早决定适合自己的选题，并与导师沟通
- 规律生活作息，保证身体健康

……

越是顶级专业的人越会做这样的准备。演员真野响子曾说："（因为我比较笨，）所以每次给影视片做讲解时，我会提前好几天就拿到稿件，练习上百遍。从换气到声调，我都会标在稿

件上。"

小提琴演奏家辻久子也曾说，自己60多岁开演奏会时，前一天晚上也几乎不睡觉地整夜练习。与这些专业人士的刻苦比起来，我们上述的准备都不值一提，但我们却如此就想轻易地摆脱焦虑，未免有些天真。

## 3．制订计划并实施

（1）对于短期性焦虑事项，确定解决的日期并如期实行。如果必要的话，可以分析制订出更详细的应对方案，然后确定每个应对方案的实施日期。

以前文提到的"讲演"为例：

• 向领导提出需求（周一），希望得到一次模拟讲演的机会（第二天早上）

• 1 小时左右，完成模拟讲演，并让同事们提出有可能被问到的问题（周四下午）

• 拜托熟悉该项目的某某也参加此次讲演会（得到领导的许可）

• 以上述过程为基础，准备补充资料（下周）

按照提前定好的时间，逐一实施。

到目前为止，我们可能都不清楚自己到底在恐惧什么。或者，只是过分夸大了这份恐惧。所以好像无论怎样都摆脱不了这份恐惧，甚至不知道该从哪里着手、如何着手解决这个问题。

但现在，通过自己的分析，我们知道自己恐惧的东西只是来自假想，危险实际发生的可能性极低，而且按照我们制订的应对措施一个一个去实施就能够确保达成目标。所以，我们不再像以前一样感到压力，也找到了一个务实的、有执行力的自己。

（2）对于中、长期焦虑事项，分析设定二级目标、制订实施计划。对于两三个月之后才可能发生，或者甚至不知道会不会发生的令自己焦虑的事情，因为有时间充分应对，所以可以制订长期性计划。此时，用另外一张纸写。

将应对措施拆分出几个二级目标，并确定为达成各个目标的具体行动和实施时间。比如，担心失去工作，那就努力习得能够让自己在其他公司或行业站住脚的技能、考取相关资格证书即可。为此，可以去上夜校，或者上网络课程。我们可将眼光放长至两三年甚至更长时间，对日程进行具体规划。

此时，思考时间能够给予我们的可能性极为重要。即使是眼下不可能立马实现的事情，只要花时间就有可能实现。时间会帮我们迎接更多可能性。

试着想一想学开车的经历。当我们第一次坐上驾驶座的时候，连顺利将车发动、起步都做不到。但是，过不了几个小时，发动引擎、起步什么的已经算不上事儿了。现在回想起来，自己曾经竟会为这样的事情烦恼，仿佛像个笑话。

只要肯花时间，我们的能力一定会得到提升。因此，按照三年、五年、十年规划去努力，我们会拥有令我们自己都惊讶的实力。

想要做到持续努力，掌握长期性学习曲线十分奏效。

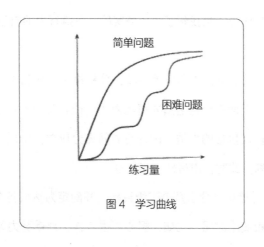

图4 学习曲线

在单一的事情上，或许我们可以肉眼看到练习的成果，但在复杂、困难的问题上，初期无法看到成效。但成效确确实实在积累。只要不放弃坚持下去，一定会在某个阶段取得飞速的进展。

达到一定水准后，这种进步会再次停止。这就是所谓的瓶颈期。在这一阶段，我们会感到"这已是自己的极限了"。很多人会在这一阶段放弃，但即使在这一阶段，其实也在积攒很多肉眼看不到的进步，所以千万不要焦虑，相信自己，坚持下去就好。

练习和学习都需要方向确保行之有效。因此，设定适当的二级目标非常重要。如果能够做好这一点，就可以付出更少的努力，一边享受过程一边坚持下去。将我们最终需要的技能中所包含的要素进行分析，分步骤地去完成 个一个的小目标。

我曾教过一个特别胆小的孩子学自行车。制订二级目标的方法如下：

① 骑在自行车上，练习抬脚离地（自行车停止状态）

② 轻轻推动自行车，练习快要偏倒时用脚站住

③ 骑在自行车上，练习缓慢握紧刹车（自行车停止状态）

④ 轻轻推动自行车，练习用刹车停住

⑤ 用力推动自行车，练习用刹车停住

⑥ 用力推动自行车，练习将双脚放至踏板，并用刹车停住

⑦ 以下省略

从①开始让孩子依次练习。哪怕只是②或④成功了就会有成就感，孩子就会觉得特别开心。孩子双脚离地的时间、能够骑出去的距离自然而然就会越来越长。怎么保持平衡、怎么操纵自行车把手等技巧也会自然而然地掌握。通过这样的方式，这个胆小的孩子没有跌倒过一次，也没有撞上过任何东西，完全没有觉得骑自行车恐怖，快快乐乐地就把骑自行车学会了。

将行动步骤化，一步一步地踏实迈进，就能发挥出自己强大的能力。这正是易焦虑体质者可以充分发挥优势特质的地方。不容易焦虑的人，通常也缺乏顽强应对长期性问题的源动力。而易焦虑的人，会有每天都处于焦虑状态的痛苦。我们可以将这份痛苦转化为能量，帮助我们坚持完成目标。

我在给人做心理咨询时，有一个目标：帮助心怀烦恼的人活在"当下"。易焦虑体质者常常因为将来需要担心的事儿，而把"当下"过得寝食难安。可以说是为了一些不必要焦虑的事情而痛苦。

但如果像这样制订一个计划表，将应对策略步骤化，就能把将来的问题放归到它本该处在的将来的位置上。同时，我们也可以客观地看到，当下努力才有助于解决将来的问题。于是，我们得以从当下的痛苦中解脱出来。


（3）实施和点检。我们需要每天、每周、每月对计划的完成情况进行点检，是否按照计划完成了目标。如果计划中有需要调整的地方，那就及时调整。因为第一次可能会把计划任务制订得过紧，所以理所当然需要调整。渐渐地，我们的行为就会和计划形成统一。

当内心焦虑不堪时，我们可以将上述焦虑分析及应对策略拿出来看看。另外，我们可以把重点记在自己的手机备忘录、随身携带的手账本上，便于上学、上班乘坐交通工具时拿出来看。看到这个，应该就会安心一些。

如果有了新的令人焦虑的事情，我们再对其进行分析。最初时可能每两三个月分析一次就够了。渐渐地，这个时间间隔会越来越长。

　　能够改变现状的只有行动。"总之先干起来再说"的态度起着决定性的重要作用。易焦虑体质其实也是逃避的一种。自己意识中觉得痛苦，无意中却在给逃避找借口。以焦虑为借口，逃避到焦虑中，什么也不干，看看书就算完事。

　　想要改善焦虑状况，需要的不是理解理论知识，而是行动。是相信自己，先做做看。

# 三、易焦虑体质者的身体自律训练法

## 自己也能做的简单方法

对焦虑进行分析，根据分析结果采取行动会让人感到轻松。但尽管如此，心理和身体还是会残留焦虑倾向。如何解决这种焦虑倾向，依我个人的经验，自律训练法有良好的效果。

消除焦虑，医学方法有森田疗法、药物疗法等，心理学方法有心理咨询法、催眠法、行动疗法等。但这些都必须在医师或心理咨询师的指导下进行。而这里讲到的自律训练法，它的一大优势是自己一个人也可以进行练习。而且在仿佛即将陷入焦虑状态时，可以自行轻易地实施。

所谓自律训练法，是一种通过先让身体达到放松状态进而消除心理紧张的方法，德国精神科医生舒尔茨将其系统化，指坐在椅子上或者躺下，按照以下公式阶段性地对自己进行自我暗示的反复训练。

●背景公式　安静训练

在心里缓慢地反复自我暗示"现在内心非常平静"。这项背景公式，可以适时地插入以下任何练习中。

●第一公式　四肢重感练习

在心里缓慢地反复暗示"右手很重"，接着暗示"右手很重，左手也很重"，直至四肢全部完成。

●第二公式　四肢温感练习

在心里缓慢地反复暗示"右手很重且很温暖"，直至四肢全部完成。

●第三公式　心脏调整练习

在心里缓慢地反复暗示"心脏在自然地有规律地跳动"。

●第四公式　呼吸调整练习

在心里缓慢地反复暗示"现在呼吸非常自然，非常轻松"。

●第五公式　腹部温感练习

在心里缓慢地反复暗示"现在腹部很温暖"。这时候的腹部可以想象为胸骨下方至肚脐的位置。

●第六公式　额部冰凉感练习

在心里缓慢地反复暗示"现在额头很凉爽"。

每天进行2～3次这样的练习，每次5~10分钟。第一公式后，要在前一阶段完成好的基础上再往下进行。无论是哪一阶段，都不要刻意地努力把注意力倾注到对象部位上，而是让自己的注意力极为自然地跑到对象部位上。这种状态又称作被动性注意力集中。

这种被动性注意力集中和感受"手脚沉重""温暖"等，刚开始可能不太理解是怎么回事，但稍加练习就能领会到。即使不进行到最后一步，只是进行四肢温感练习也能充分感受到效果。此时，心情会变得很平静，身体也会感到很轻松。我晚上在床上做这样的练习，经常能够帮助我心情舒畅地入眠。

只是看上面这段文字或许不能很好地理解，可以上网搜索视频，参考实际练习时的样子。

有些专家会推荐瑜伽或冥想，对这些有兴趣的人可以试着挑战一下。哪怕多一个"让自己内心平静"的方法对自己也会有很大的帮助。

# 四、活出自己的人生

## 1．确立自我价值

　　易焦虑体质者通常活在他人的目光里。因此，通过用自己的目光看待自己，活出自己的人生十分重要。为此，我们可以花一些精力去追求自我的价值。

　　重新思考自己追求的价值这一过程非常有效。对自己来说，确认学会什么会感到满足，做什么会感到开心，抛去那些对虚荣、无用价值的追求。我将这一方法称作价值分析。

　　焦虑分析可以让人摆脱焦虑，同时充分发挥易焦虑体质的特质。但这只是摆脱焦虑，并不能称之为精神上的幸福。生活中还必须存在令人喜悦的事情。如何创造喜悦就需要进行价值分析。价值分析是一种可以将不安转化为能量的方法，帮助我们找到属于我们的人生。

## 2．不再介意他人的目光

　　（1）列出自己想要的东西。用一张 A4 大小的纸，将脑海中想到的"自己想要的东西"悉数写下来。与焦虑分析同样，靠白纸的左侧写。不管是梦想般的大事，还是细枝末节的小事都写下来。这些可以是物质、能力、健康，还可以是爱等抽象性的概念。总之，将能想到的都写下来。

（2）将想要的东西具体化。如果前面列举的东西不够具体，那就继续修正为更具体的东西。比如，如果前面写了"丈夫的爱"，那就可以具体到"当丈夫的父母和自己发生矛盾时，丈夫不要袒护（他）自己的父母""丈夫能够更认真地听自己说话"等；比如前面写了"在漫画事业上取得成功"，就可以具体为"收到漫画约稿"等；再比如前面写了"在公司坐上有权责的地位"，就可以具体为"30岁之前成为主管"等。像这样，尽量将自己的欲求具体化。

（3）找寻真正追求的价值。接下来，对前面列出的欲求进行分析，自己到底在追求怎样的价值。比如，"当丈夫的父母和自己发生矛盾时，希望丈夫不要袒护自己的父母""希望丈夫能够更认真地听自己说话"等，可以理解为"对丈夫的依赖"；"收到漫画约稿"则可能是"希望通过画漫画来维持生计"，也可能是"希望自己的漫画得到认可"；"30岁之前当上主管"则可以理解为"自己的能力获得领导的认可"。

这种分析可以分几个阶段进行，直到发现自己内心深处的根本价值。比如，"希望自己的能力得到他人的认可"，可以进一步理解为"自尊心"和"确保稳定的收入"，然后可以追溯到"实现自我的喜悦"这一根本价值；再比如，对"想要获得学分"的欲求进行分析，可以发现是"想要顺利毕业"，再进一步分析，可以追溯到是"不想因为延迟毕业而丢脸"。此时，根本价值还是回到了"自尊心"。

（4）选择追求的价值。当我们进行价值分析时，会意识到在我们的欲求里，有太多是为了自尊心。而自尊心这种无意义的东西，是可以丢弃的。所谓自尊心，正是在意他人眼光，从别人眼里看自己。因为寻求他人的评价，才有了自尊心。

为了操控他人对自己的评价，你必须从他人的角度出发去生活。这如同将自己的人生完全交付给他人支配一般。自尊心这种毫无意义的东西应当彻底抛弃。

同样，希望他人"这样做""那样做"的自我欲求，其结局也是被他人所支配。因为他人终归是他人，不会按照自己的意愿而改变，自己能够改变的，只有自己。要想不受他人控制，就应该对他人没有任何要求。以刚才那位妻子为例，接受丈夫本来的样子，不去对丈夫有所要求，而是去追寻自己的价值。

如此一来，剩下的真正应该去追求的根本价值其实很少。以我为例，我追求的根本价值有如下四个：

- 健康
- 能够维持生活的收入
- 实现自我的喜悦
- 爱的人在身边

有了这些你还奢求什么呢？除此以外的欲求，都是奢望。我们没有必要为了这些多余的欲望去烦恼。

而且，实际进行价值分析后，剩下的值得去追求的价值大多数应该和焦虑分析中的长期性问题一致。因此，并不是在焦虑分析的长期性问题基础之上再加价值分析的问题，它们是一致的，所以实际要解决的问题并没有那么多。

我在学生时代，通过进行这种价值分析，过上了令自己满意的生活。

首先是不再为了一些细枝末节的不安而困扰，活着这件事情变得更单纯了。其次，因为该去追求的价值更明确了，所以可以将精力集中到活出自己这件事情上。最后，将工作和赚取生活费割裂开来，在职场上也更加轻松了。

到了中年以后，我转职到了氛围像家一样让人更快乐的职场，也更专注地朝着提前退休实现自我这一目标去努力了。

（5）制订实现价值的行动计划。制订实现这些有限价值的具体步骤，坚持"Going My Way（走自己的路）"的精神。行动计划的制订方法，在焦虑分析一章已经阐述。

（6）点检与推进计划并行。这一点在前文中也讲到过。在我们坚持积累半年、一年、两年后，这些积累会发光发热，让我们变得更有前行的动力。


追求自己选定的、属于自己的价值，渐渐地就会不再介意他人对自己的看法。生活的基调也就不再是焦虑，而是希望。我们会发现，所谓幸福，并不是指有一条路可以抵达幸福，而是这条路本身就是幸福之路。

换句话说，并不是在我们实现所追求的价值后才能拥有幸福，而是努力去实现自己选择的价值，当下的每一天都是幸福。

# 译后记

直到翻译这本书，我才第一次正视自己的焦虑心理和易焦虑体质。

我自觉是个乐观开朗的人，但回顾自己的成长经历，每一人生阶段的某些小事其实早已反映出自己的易焦虑体质。

把我带大的奶奶曾笑话我说，在我上幼儿园时，总是羞于在幼儿园里上厕所，结果好几次回家路上尿裤子。现在想想，对于在幼儿园上厕所这件事，当时的我一定很是焦虑。

小学的时候，我开始和小伙伴出去玩，因为采摘了路边的一种红果子吃，在那之后的好长一段时间里，我都担心自己吃的是不是毒果子，自己会不会中毒死掉。我将自己的担心告诉母亲，母亲也只是笑笑，我还心想：母亲怎么一点也不关心我的死活呢？

上了中学，我知道自己这么久都没中毒，那果子应该是没问题了。但懂事的自己又开始焦虑起了学业问题。高考备考阶段的焦虑想必不用我说，一定是每位毕业生都难忘的体验。那时老师总激励我们：再坚持这几个月，等上了大学你们就解放了。

对于这句话，我深信不疑。

结果到了大学以后乃至现在，当我回想起自己的高三时期，竟觉得那段岁月是我至今人生中最单纯最无忧无虑的时光了。高三时目标单一且明确，只管好好学习就够了，父母会把自己的饮食起居安排得妥妥当当。而上了大学，我开始焦虑生活费够不够花，学业成绩排名靠不靠前，能不能拿到奖学金，学生干部竞选能不能成功，年末评奖评优有没有自己，真的是操也操不完的心。

本科毕业以后我被保送到北京大学读研究生，这在大家看来或许是顺利到开了挂的人生，但谁知道，在入学后不久的心理健康测验中，我的测验结果竟然是轻度抑郁。辅导员给我打电话的那天，我正因水土不服发烧躺在宿舍的上铺，辅导员问我怎么了，我说同学们都太厉害了，我上课根本跟不上，自己仿佛像个傻子。加上住在北大的万柳公寓，每天上学得坐校车，而必经之路人气火爆的中关村路段上下学的时间必定拥堵，晕车的我每天还没到学校就已经累了。我还清晰地记得，我坐在寝室外面给父亲打了一个电话，我说我想退学，不想读了，北京真的太水深火热了。

当然，后来我顺利毕业了。毕业之后，我去日本成了"打工人"，当年可能还在流行"社畜"这个词。工作第一年的焦虑，直接让我的体重从 63 公斤掉到了 49 公斤。但现在，工作倒是不焦虑了，体重却又急剧攀升，肥胖成了自己新的焦虑事项。

说了这么多，大家发现没有，我的焦虑是没完没了无穷无尽的。现在，请你也回顾一下自己的成长经历，如果和我一样，也曾有过无数大大小小令自己焦虑的事情。那么，相信我，当你读完这本书，你一定会有一些收获并且豁然开朗。

在这本书里，作者用很多实际的例子告诉了我们焦虑为什么会发生，最重要的是告诉了我们应该如何与焦虑心理、与自己的易焦虑体质相处。这里，我用了"与易焦虑体质相处"，而没有用"改掉"自己的易焦虑体质。这也是我译完本书后最大的收获之一：如果真的改不掉，那就与之和平共处。有时候强行让自己消除焦虑反而让自己更加焦虑。最好的"消除"或许就是心平气和地接纳，承认自己"焦虑"或许会意外地轻松、快乐。

这本书另一可圈可点之处，是方法给得很具体。生活中，当我们感到焦虑烦恼时，或许我们总会听到"哎呀，你别想太多了""放宽心，没事儿的"等诸如此类安慰的话。真的是我愿意想那么多吗？真的是我故意不放宽心吗？这不就是因为心放宽不了，脑子不由自主胡思乱想才焦虑吗？但这本书里作者一步一步地介绍了当你感到焦虑时你该做的事情，具体步骤我就不赘述了。

如果你也是一名易焦虑体质者，相信我，这没什么不好。易焦虑的人更加懂得未雨绸缪所以常常防患于未然；易焦虑的人行为更加小心谨慎所以不容易造成大的错失；易焦虑的人对自己更加苛刻所以工作成果精益求精。

希望我们都能成为一个适当焦虑，同时也能安然入睡的人。